H0256122

DIE PARAVERTEBRALE INJEKTION

ANATOMIE UND TECHNIK BEGRÜNDUNG UND ANWENDUNG

VON

DR. FELIX MANDL

ASSISTENT DER II. CHIRURGISCHEN UNIVERSITÄTSKLINIK IN WIEN

MIT 8 TEXTABBILDUNGEN

Springer-Verlag Berlin Heidelberg GmbH

1926

ISBN 978-3-7091-2146-7 ISBN 978-3-7091-2190-0 (eBook)
DOI 10.1007/978-3-7091-2190-0

ALLE RECHTE, INSBESONDERE DAS DER ÜBERSETZUNG
IN FREMDE SPRACHEN, VORBEHALTEN

Inhaltsverzeichnis

Inhaltsverzeichnis

I. Einleitung

Die bisher nur zu Operationszwecken verwendeten örtlichen Betäubungsmittel (Novokain, Tutokain etc.) werden in letzter Zeit zu den verschiedensten Zwecken angewendet, da die einzelnen Methoden, welche die örtliche Betäubung zum Ziele haben, in der Folge Nebenwirkungen ergaben, von welchen die praktische Medizin Besitz ergriffen hat. So z. B. wird die Lumbalinjektion eines Anästhetikums zur Beseitigung gewisser Formen des Ileus geübt (Mayer), die epidurale Anästhesie zur Differentialdiagnose zwischen Wurzel- und Stammischias (Wiedhopf); ebenso habe ich mit Erfolg zu therapeutischen Zwecken diese Anästhesierungsmethode beim Tetanus anzuwenden Gelegenheit gehabt und Löber hat jüngst mit diesem Verfahren einen Patienten retten können. So haben alle diese ursprünglich nur zur Operationsanästhesie angegebenen Betäubungsverfahren eine ganz unglaubliche Zunahme ihrer Anwendungsbreite erfahren.

Ganz besonders gilt dies auch für die paravertebrale Anästhesie. Ursprünglich von Sellheim angedeutet, von Laewen, Finsterer, Kappis u. a. als Operationsanästhesie ausgebaut, zeigten später Laewen, Kappis und Gerlach u. a. die differentialdiagnostische Bedeutung der Injektion bei abdominellen Schmerzzuständen bei Anwendung in ganz bestimmten Segmenten. Noch später hat Pal, dem ich Anregung und Material auf diesem Gebiete danke, diese Injektion durch mich systematisch zu therapeutischen Zwecken verwenden lassen, und über die diesbezüglichen ersten Ergebnisse bei schmerzhaften Prozessen der Bauchhöhle und des Thorax (Gallenblasen-, Nieren- und Magenschmerzen, Angina pectoris) wurde erst kurz berichtet. (Brunn und Mandl.) Die Methode wird weiters vielleicht auch bei reflektorischer Anurie mit Erfolg angewendet werden können. Die Erfahrungen bei anderen krankhaften Zuständen (Pylorospasmus, gastrische Krisen der Tabiker) sind zwar noch zu gering, um zu endgültigen Schlüssen zu berechtigen, aber jedenfalls erschließt sich hier ein großes therapeutisches Gebiet. Auch für die theoretische Erforschung der nervösen Versorgung gewisser Organe ergeben sich gewisse Ausblicke, und Hess und Faltitschek sind darangegangen, die Magensekretion und Motilität unter Ausschaltung des Sympathicus nach paravertebraler Injektion zu studieren.

So schien es also zweckmäßig, alles bisher auf diesem Gebiete Bekannte zu sammeln, Bericht über Erfolge und Mißerfolge mit dieser Methode zu geben, ihre Technik, anatomische und physiologische Grundlagen auseinanderzusetzen und so ihr Anwendungsgebiet einmal zu fixieren, gleichzeitig aber zu neuen Versuchen anzuregen.

II. Zur Anatomie der paravertebralen Injektion

Bei der paravertebralen Injektion soll ein Anästhetikum in allernächste Nähe der Rami communicantes eines ganz bestimmten oder mehrerer Rückenmarksegmente injiziert werden. Es ist daher einerseits notwendig zu wissen, durch welche Schichten die Injektionsnadel zu dringen hat, bevor sie, an ihrem Bestimmungsort angelangt, die Flüssigkeit deponiert, wie sie den Weg zu diesem Punkt und an welchen anatomischen Gebilden vorbei zu nehmen hat, anderseits aber wie mit Sicherheit die entsprechende Höhe des Segmentes bestimmt werden kann, dessen Ausschaltung im jeweiligen Falle erwünscht ist.

Ganz unabhängig von der Höhe des Segmentes dringt die einige Zentimeter seitlich von der Wirbelsäule (paravertebral) auszuführende Einspritzung zunächst durch eine mehr oder weniger dicke Haut- und Fettschicht bis zum ersten knöchernen Widerstand vor (s. u.), der durch den Querfortsatz des Wirbels weiter seitlich durch die Rippe gegeben ist. Die Dicke dieser Schicht wechselt mit dem Fettreichtum des Individuums und mit der Ausbildung der Muskelschicht der langen Rückenstrecker. Ganz nahe an der Wirbelsäule ist sie daher bedeutender, weiter seitlich weniger tief.

Die Höhe des auszuschaltenden Segmentes wird hauptsächlich durch die Dornfortsätze bestimmt. Es ist bekannt, daß fast bei allen Individuen, selbst bei fetten Menschen, der 7. Dornfortsatz der Halswirbelsäule gut getastet werden kann. Wenn im Bereiche der unteren Halswirbelsäule zwei Dornfortsätze prominieren, dann handelt es sich um den 6. und 7. Halswirbel. In den seltensten Fällen springt der 6. Halswirbel allein stark vor und könnte dann für den 7. Dornfortsatz gehalten werden, was natürlich die richtige Zählung der weiteren Segmente unmöglich macht. Im allgemeinen aber kann man annehmen, daß der 7. Halswirbeldornfortsatz wirklich die Vertebra prominens ist, und diese „springt aus der Flucht der Halsdornen vor, wie eine vorgebaute Haustreppe aus der Häuserflucht" (Braus). Von der Vertebra prominens wird nun nach abwärts gezählt, und bei mageren Kranken ist ohneweiters durch sicheres Auffinden des bestimmten Dornfortsatzes (s. u.) eine exakte Bestimmung des gesuchten Segmentes möglich. Bei fetten Menschen aber verliert man im Bereiche der mittleren Brustwirbelsäule die Sicherheit der Höhenbestimmung, und man muß zu anderen Mitteln Zuflucht nehmen, um nicht an falschem Ort die Injektion auszuführen. Vor allem erscheint es oft zweckmäßig, von kaudal- nach kranialwärts zu zählen, denn als sicherer Ausgangspunkt dieses Vorgehens gilt die anatomische Tatsache, daß eine Verbindungslinie der beiden Darmbeinkämme eine Linie schneidet, die zwischen 3. und 4. Lendenwirbel gelegen ist. Der oberhalb dieser Linie gelegene Dornfortsatz ist der 3. Damit ist dann ein Fixpunkt gegeben, von dem man nach aufwärts zu die oberen Dornfortsätze bestimmen kann. Als Hilfsmaßnahme kann dann noch angenommen werden, daß die Spina scapulae in der Höhe des 3. Brustwirbels gelegen ist und der untere Winkel des

Schulterblattes den 9. bis 10. Brustwirbel in der Horizontalen schneidet. Die Rippenzählung bewährt sich bei fetten Leuten zur Höhenbestimmung nicht. Will man aber bei besonderen Fällen in der Höhenbestimmung ganz sicher gehen, dann müßten unter dem Röntgenschirm die entsprechenden Dornfortsätze markiert werden.

Die Rumpfbeuge nach vorwärts und das Nachvornenehmen der Schulterblätter während der Injektion läßt die Dornfortsätze schärfer vorspringen und macht sie auch dem Auge deutlich.

An der Halswirbelsäule und ebenso an der Lendenwirbelsäule liegen die Dornfortsätze in derselben Ebene wie die Querfortsätze der betreffenden Wirbel. An der Brustwirbelsäule aber verlaufen die Dornfortsätze stärker abwärts gebogen, so daß ihre Spitze im Niveau, bei aufrechter Stellung aber noch tiefer als der Querfortsatz des nächst tieferen Wirbels liegt. Dadurch kann eine gewisse Verwirrung in die Nomenklatur der Segmentbestimmung gebracht werden. Man injiziert z. B. bei Gallenblasenschmerzen (s. u.) in das 10. Segment in der Höhe des 9. Dornfortsatzes der Brustwirbelsäule; kurz gesagt bei D. 9.

Auch die anatomischen Verhältnisse der Querfortsätze sind von gewisser Bedeutung. Sie verbreitern sich an der Halswirbelsäule von oben nach unten um einiges, hingegen werden sie an der Brustwirbelsäule von oben bis zum 12. Wirbel schmäler. Im Lendenteil finden wir wieder das umgekehrte Verhältnis: sie werden von oben nach unten breiter, weil an ihre Stelle die Processus costarii als rudimentäre Rippen treten. An der Brustwirbelsäule sind sie etwas nach hinten gerichtet, an der Hals- und Lendenwirbelsäule stehen sie frontal.

Das oben bereits angedeutete Verhalten der Dornfortsätze zu den Querfortsätzen ist in hohem Maße von der Rumpfbeugung abhängig. Bei starker Rumpfbeugung entfernen sich die Dornfortsätze der Brustwirbelsäule von den Querfortsätzen des nächst tieferen Wirbels. Da es sich bei der paravertebralen Injektion darum handelt, nach Passieren der Querfortsätze an deren oberem Rand weiter in die Tiefe vorzudringen, ist also für diesen Vorgang Vorwärtsbeugen des Rumpfes vorteilhaft. Ebenso die Inspirationsbewegung des Thorax (Vorsicht, daß die Nadel nicht bricht!), weil dadurch die Intercostalräume breiter werden und der Weg in die Tiefe frei wird.

Nach dieser topographischen Wiederholung des in Betracht kommenden Knochensystems erscheint es zweckmäßig, auch die Anatomie der auszuschaltenden Nerven an dieser Stelle wieder in Erinnerung zu bringen:

Die paravertebrale Injektion will das sympathische Nervensystem beeinflussen. Als solches bezeichnet man nach Langer-Toldt die ganze Summe jener geflechtartig verbundenen Nerven, die sich durch Einlagerung einer großen Menge von Ganglien auszeichnen, ihre Verästelungen hauptsächlich längs der großen Gefäße aussenden und die thoracalen und abdominellen Eingeweide innervieren. Ausgangspunkt dieser geflechtartig verlaufenden Nervenstränge ist der längs der Wirbelsäule hinziehende, paarig verlaufende Grenzstrang des Sympathicus. Er reicht vom ersten Halswirbel bis zum Steißbein und besteht aus einer ganzen Reihe ziemlich regelmäßig angeordneter Grenzganglien, die untereinander verbunden sind. Der thoracale Abschnitt des Grenzstranges zieht in longitudinaler Richtung an den beiden Seiten der Wirbelsäule vor den Querfortsätzen der Wirbel und dem Anfang des Rippenhalses hinab, bedeckt von der Pleura parietalis. Derselbe bildet 11 bis 12 Dorsalganglien, die vor den Querfortsätzen der Brustwirbelsäule und vor den Rippenköpfchen liegen. Vom letzten Dorsalganglion setzt sich der Grenzstrang, zwischen dem medialen und lateralen Schenkel des Zwerchfelles durchtretend oder den lateralen Schenkel durchbohrend, in die Bauchhöhle fort.

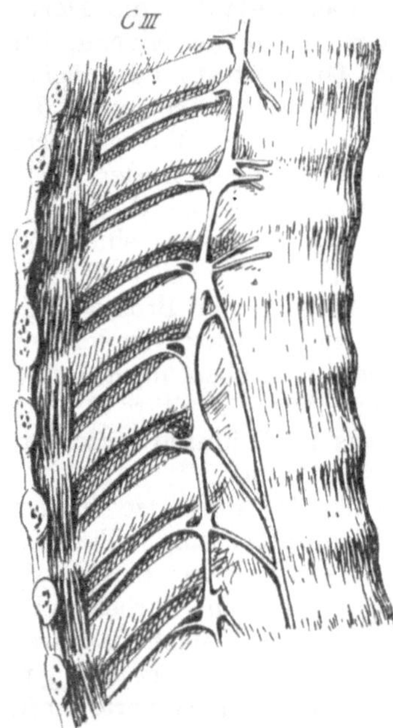

Abb. 1. Rechter Grenzstrang des Sympathicus in der Brusthöhle
(Auf Grund einer Abbildung aus Spalteholz)
Die feinen Nervenäste, die insbesondere im unteren Bereich der Brustwirbelsäule im Bilde von den sympathischen Ganglien zu den Intercostalnerven ziehen, sind die Rami communicantes. An den tiefsten Segmenten kommt es zur Bildung des Splanchnicus major. Die Unregelmäßigkeiten im Verlauf der Rami communicantes sind auch in der Abbildung ganz deutlich

Von den peripheren Ästen des Brustteiles interessieren uns bloß die Eingeweidenerven (Splanchnici). Dieselben setzen sich aus mitteldicken Markfasern zusammen, die aus den von den 6. bis 12. Spinalnerven kommenden Rami communicantes albi kommen. Nur ein kleiner Teil dieser Rami communicantes endet im entsprechenden Ganglion des Grenzstranges, ein großer Teil derselben zieht jedoch über dem Ganglion hinweg und bildet mit den übrigen ähnlichen Ästen die Nn. splanchnici. Dieselben bestehen aus zwei Paaren kräftiger Stämme und verlaufen medianwärts vom Grenzstrang an der seitlichen und oberen Fläche der Wirbelkörper, dicht hinter der Pleura, links neben der Aorta, rechts neben der Vena azygos und vor den Intercostalgefäßen. Dieselben entstehen aus den vom 6. bis 12. Brustganglion kommenden weißen Ästen, schließen sich den Eingeweidenerven an und treten durch das Diaphragma in die Bauchhöhle. (Adam.)

Jedes Grenzganglion sendet zu dem entsprechenden Rückenmarksnerven einen Ramus communicans. Dies trifft ganz besonders regelmäßig für die Brustwirbelsäulegegend zu. In den anderen Gegenden ist die Zahl der Grenzganglien vermindert, und dadurch wird die Regelmäßigkeit des anatomischen Bildes gestört. Die Rami communicantes — der für die paravertebrale Injektion wichtigste Anteil des sympathischen Nervensystems (s. u.) — sind Verbindungszweige zwischen dem sympathischen Grenzstrang und den Cerebrospinalnerven (Abb. 1) und haben nicht nur die

Aufgabe, aus dem Cerebrospinalsystem dem Sympathicus motorische und sensible Fasern zuzuführen, sondern führen aus dem letzteren den Cerebrospinalnerven graue Fasern zu, deren Zentrum sich in den sympathischen Grenzganglien befindet. Diese Fasern werden hauptsächlich durch die vorderen Äste der Rückenmarksnerven an die Peripherie geleitet. Außerdem geben die sympathischen Ganglien Nervenfasern ab für die glatte Muskulatur (Blutgefäße, innere Augenmuskeln, ein Teil des Oesophagus, Gedärme, Respirationsapparat, Urogenitalorgane usw.). Auch zu den quergestreiften Muskeln gehen motorische sympathische Fasern: zum Pharynx, einem Teile des Oesophagus und zum Herzen. Ferner ziehen Fasern zu den Drüsen der Gedärme und zu dem Urogenitalsystem. Es ist außerdem gewiß, daß sich im Sympathicus auch sensible Fasern befinden.

Die Studien L. R. Müllers zeigen deutlich, welchen großen Verschiedenheiten selbst bei makroskopischer Betrachtung die für die paravertebrale Injektion so wichtigen Rami communicantes in ihrem Verlaufe unterworfen sind:

Im Brustteile der Wirbelsäule ziehen von den nahegelegenen Ganglienknoten des sympathischen Grenzstranges zu den nahegelegenen spinalen Nerven meistens zwei Äste in der Länge von etwa einem Zentimeter. (Abb. 2 s. S. 6.) Gar nicht selten sind es auch drei oder noch mehr, oder aber nur einer. Recht häufig teilt sich dann ein solcher Verbindungsast gabelig in seinem Verlaufe. Auf Abb. 3 (s. S. 6), die nach Herausnahme des mittleren Brustmarkes mit seinen Wurzeln und Nerven und nach Lospräparierung des Grenzstranges von den Wirbelkörpern gezeichnet wurde, ist die wechselvolle Verlaufsart der Rami communicantes deutlich zu studieren. Man sieht aber auch von einem Ganglion des Brustgrenzstranges Äste nicht nur zu in gleicher Höhe gelegenen Spinalnerven, sondern auch zu den höher und tiefer gelegenen ziehen. (L. R. Müller.)

Die Einmündungsstelle der Rami communicantes liegt immer am Spinalnerven, also an einer Stelle, an welcher sich die vorderen und hinteren Wurzeln schon zum peripherischen Nerven vereinigt haben.

Bekanntlich unterscheidet man einen weißen, d. h. markhaltigen, und einen grauen, d. h. marklosen Ramus communicans. Bei der makroskopischen Darstellung ist die Unterscheidung aber nicht immer mit Bestimmtheit zu machen. Freilich bietet der kräftigere, mehr peripherisch gelegene Ast meist ein glänzenderes „weißes" Aussehen als die medial gelegenen, etwas zarteren Bündel. Ein Bündel kann aber auch sehr häufig beide Arten, d. h. markhaltige und marklose Nervenfasern enthalten; bei Betrachtung mit bloßem Auge kann also eine Unterscheidung zwischen weißen und grauen Rami communicantes nicht immer mit Bestimmtheit gemacht werden.

Noch unregelmäßiger als an der Brustwirbelsäule ist die Verlaufsart der Rami communicantes am Lendenteile der Wirbelsäule. Dadurch, daß hier der Grenzstrang nicht mehr seitlich hinten an den Wirbeln, sondern weiter vorne an dem Lendenwirbelkörper entlang verläuft, ist die Entfernung zwischen dem sympathischen Ganglienknoten und der Ursprungsquelle der peripherischen Nerven sehr viel größer geworden. Die Rami communicantes verlaufen hier auch nicht direkt von einem Knoten zum nächsten peripherischen Nerven, sondern sie ziehen vielfach zum nächsten höher oder tiefer gelegenen Lumbalnerven. Sie überkreuzen sich

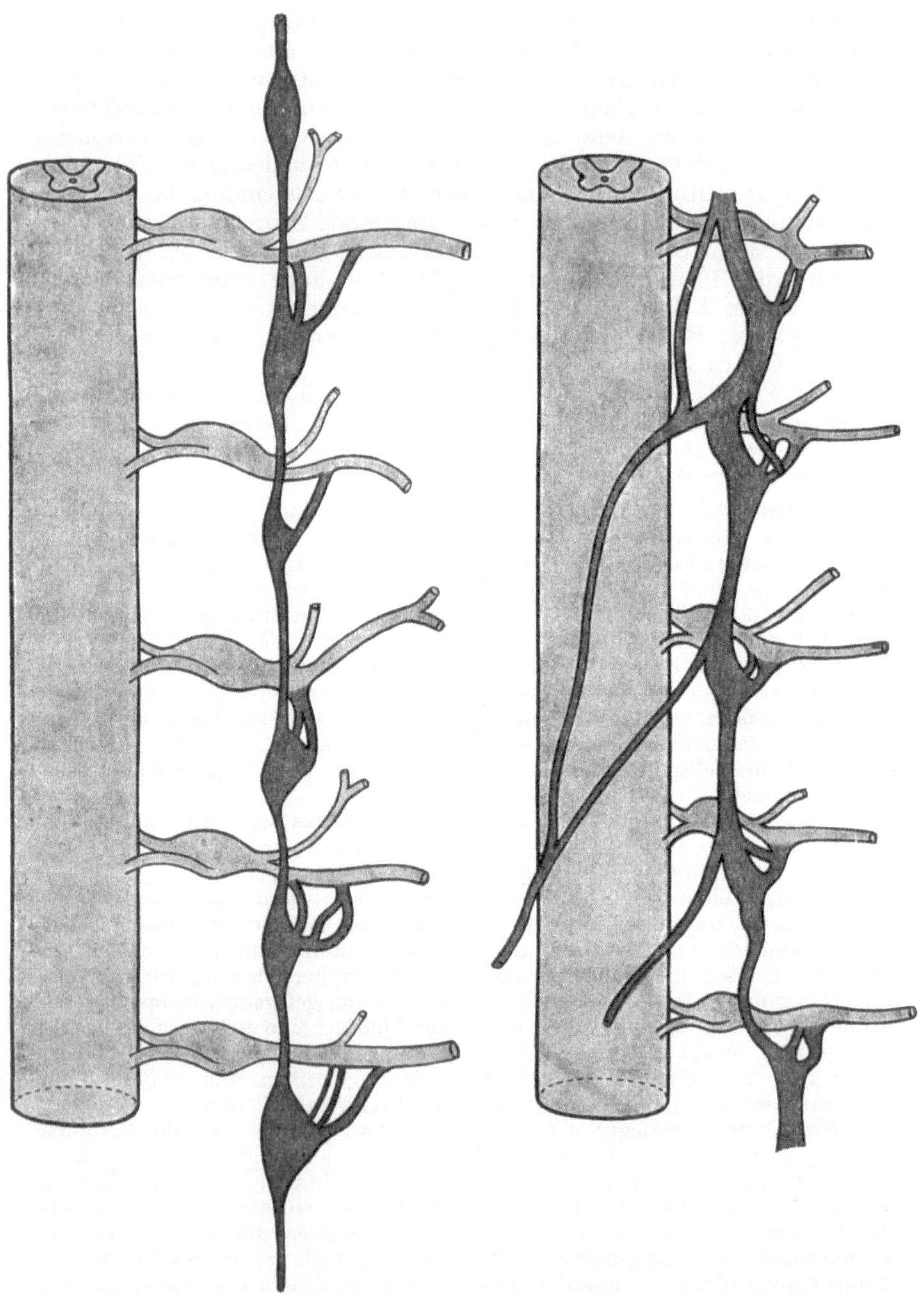

Abb. 2. Die Rami communicantes an der oberen Brustwirbelsäule Nach L. R. Müller)

Abb. 3. Verhalten der Rami communicantes im mittleren Bereich der Brustwirbelsäule (Nach L. R. Müller)

vielfach und bilden dann Schleifen, und in jedem Falle, in dem man Rami communicantes des Lumbalteiles vom Grenzstrange zur Darstellung bringt, ist der Verlauf dieser Bündel immer anders gelagert. In den unteren Teilen der Lendenwirbelsäule und am Kreuzbein treten dann sehr häufig quere Verbindungen zwischen beiden Grenzsträngen auf.

Die Länge der Rami communicantes, welche im Lendenteil 3 bis 4 cm betragen kann, ist am Kreuzbein, wo die Entfernung zwischen Grenzstrang und Ursprungsort des peripherischen Nerven wieder kürzer ist, natürlich viel geringer. (L. R. Müller.)

Ganz unmöglich erscheint es bei den ersten Versuchen, den Verlauf der Rami communicantes, welche vom Halssympathicus zu den Cervicalnerven ziehen, zu schildern und in ein System einzureihen. Die zahlreichen Schlingen der Ansa Vieussenii, die dazu noch in jedem Falle wieder anders gelagert sind, und die Varietäten der von dem Ganglion stellatum und von dem Gangl. cerv. supr. ausgehenden Rami communicantes spotten jeder Beschreibung. Durch sehr zahlreiche Untersuchungen an verschiedenen Arten von Säugetieren (26 Tierspezies) gelang es dem Holländer van den Broek doch Klarheit in diese Verhältnisse zu bringen und den Grundgedanken der Anordnung der Rami communicantes, welche vom Halssympathicus zu den Cervicalnerven ziehen, darzulegen.

Wie schon angedeutet, kann die Frage, ob der Ramus communicans weiß oder grau ist, d. h., ob er markhaltige oder marklose Nervenfasern enthält und wohin diese Fasern dann verlaufen, nur durch mikroskopische Untersuchung von Schnitten studiert werden, die nach einer Markscheidenfärbungsmethode behandelt worden sind.

Auch auf dem Gebiete der Histologie der Rami communicantes verdanken wir L. R. Müller sehr wichtige Befunde. Während die Bestimmung des Verlaufes der weißen Fasern des Ramus communicans auf die größten Schwierigkeiten stieß, konnte Müller bei den Rami communicantes grisei feststellen, daß diese sowohl nach der Peripherie als auch zu ihrem Ursprungsort — zum Spinalganglion — ziehen können.

Von der Schilderung der Lage der übrigen Gebilde des sympathischen Nervensystems sehe ich ab, da ich glaube, daß für unsere Betrachtungen hauptsächlich die Rami communicantes wichtig sind.

Anläßlich der Schilderung der komplizierten anatomischen Verhältnisse der Rami communicantes möchte ich schon jetzt darauf hinweisen, daß, gute Technik der paravertebralen Injektion vorausgesetzt, diese Gebilde selbst mit Sicherheit wohl nicht mit der Injektion direkt zu treffen sein werden, sondern daß die Einwirkung des Anästhetikums wohl hauptsächlich infolge Diffusion der betäubenden Flüssigkeit zustande kommen wird. Immerhin haben wir uns natürlich zu bemühen, in die allernächste Nähe der Rami communicantes mit der Injektionsnadel vorzudringen.

III. Allgemeines über die Innervationsverhältnisse der zu beeinflussenden Organe

Hauptzweck der paravertebralen Injektion ist die Behebung anfallsweise oder dauernd bestehender Schmerzen. Diese Schmerzbehebung kann temporär, aber auch dauernd sein (s. u.). Die Kenntnis der Schmerzleitung in den verschiedenen Organen ist daher zum Verständnis der Wirkung der paravertebralen Injektion notwendig.

Am besten sind heute die Innervationsverhältnisse der Bauchhöhlenorgane und des Bauchfelles bekannt, und von diesen wurde vielfach auf die Innervationsverhältnisse der thoracalen Organe — besonders des Herzens — geschlossen.

Als einer der ersten hat sich Lennander mit diesen Fragen beschäftigt. Die ursprünglich allgemein geltende Ansicht Lennanders ging dahin, daß das Peritoneum parietale der vorderen und hinteren Bauchwand äußerst empfindlich gegen alle Reize sei. Die Organe der Bauchhöhle sind aber vollkommen unempfindlich. „Alle Organe, die nur vom N. sympathicus oder vagus unterhalb der Abgangsstelle des N. recurrens innerviert werden, besitzen keine der vier Gefühlssinne (Schmerz, Druck, Wärme und Kälte)." Aber es ist bekannt, daß auch bei vollkommenem Gefühlsverlust des Perit. par. Eingriffe in der Bauchhöhle unangenehme Empfindungen, wie Braun sie nennt: „abdominelle Sensationen" hervorrufen, daß es nur in seltenen Fällen gelingt, größere Eingriffe am Magen, Darm, Gallenblase usw. ohne Anwendung der Inhalationsnarkose vorzunehmen, da der Zug am Mesenterium sehr schmerzhaft empfunden wird.

Viele Autoren haben der Lennanderschen Ansicht widersprochen. Bier hat konstatiert, daß bei Unterbindung des Mesenteriums nicht nur das Zerren weh tut. Wilms fand eine Sensibilität der Mesenterien, die im Verlaufe der großen Gefäße bis zu 3 cm vom Darm entfernt ist, Proping beobachtete eine Sensibilität des Netzes, Hesse des Mesenteriums des Wurmfortsatzes etc. etc.

Fröhlich und H. H. Meyer haben im Tierexperiment gezeigt, daß starke Dehnung des Darmes, ebenso wie starke Kontraktion desselben Schmerzen auslöst, die nach der Anordnung des Versuches nicht mit Zerrung des Mesenteriums erklärt werden können. Im übrigen haben diese Autoren darauf hingewiesen, daß die die Schmerzempfindung vermittelnden Fasern ausnahmslos durch die hinteren Wurzeln in das Zentralorgan eintreten, also Spinalnervenfasercharakter haben. Allerdings seien ihnen auch vegetative Nervenfasern beigemischt, die von ihnen anatomisch nicht getrennt werden können. Die vorderen Rückenmarkwurzeln seien an der Schmerzleitung nicht beteiligt. (Dieser Ansicht wurde im übrigen in letzter Zeit von Lehmann widersprochen.)

Es wird also seit längerer Zeit als Tatsache angenommen, daß die abdominellen Organe selbst ohne Empfindung sind, und daß nur die Zerrung an den Mesenterien die Schmerzen auslöst. Die Ursache der Sensibilität der Mesenterien selbst wurde verschieden gedeutet: Lennander glaubt an Reizungen der Intercostal- und Lumbalnerven, die das Peritoneum parietale innervieren, aber keine Äste für das viscerale Peritoneum abgeben. Der Sympathicus habe keine Bedeutung bei der Innervation.

Müller meinte, daß das sympathische Nervensystem mit seinen Verbindungen zum Rückenmark nicht nur dazu da sei, seelische

Erregungen, welche im Zentralnervensystem vor sich gehen, auf die Vasomotoren, auf die Schweißdrüsen, auf den Magen, Darm und die Geschlechtsorgane überzuleiten, sondern der Sympathicus vermittle auch Empfindungen aus den inneren Organen nach dem Hirn zu. Müller stand also im Gegensatz zu Lennander, der nur den Cerebrospinalnerven die Fähigkeit zuschrieb, schmerzerregende Reize weiter zu leiten.

Erst die Arbeiten von Neumann brachten Klarheit in die Frage der Sensibilität der Eingeweide. Er experimentierte anfangs am Frosch und fand, daß dieser auf Reizung des Magens und Darmes, besonders aber der Mesenterien, mit charakteristischen Abwehrbewegungen reagiert. Nach Durchschneiden der Nn. splanchnici jedoch fallen diese Abwehrbewegungen weg, der Darm wird unempfindlich, da keine Reize mehr zum Zentralnervensystem vermittelt werden. Dasselbe zeigte sich beim Hunde.

Kappis hat diesen Versuch am Hund nachgeprüft und kommt zu ähnlichen Resultaten: An Hunden mit intaktem Nervensystem fand Kappis die Magen- und Darmwand, Leber, Milz und Gallenblase unempfindlich gegen Klemmen, Stechen, Schneiden und ähnliche Reize. Das kleine und große Netz, Gallenwege, sowie die Gefäße der Leberpforte dagegen waren bei gleichen Reizen schmerzhaft. Auch die Mesenterialgefäße sind sehr empfindlich.

Nach Durchtrennen des Rückenmarkes in verschiedenen Höhen, z. B. nach Durchtrennen des R. M. zwischen D 5 und 6 fand er die Bauchorgane vollständig empfindungslos. Zwischen D 7 und 8 blieben Magen, Milz und oberer Dünndarm schmerzempfindlich. Bei Durchtrennung zwischen D 13 (Hund!) und L 1 reichte die Anästhesie bis zum Coecum. Nach isolierter Durchtrennung beider Splanchnici an der Durchtrittsstelle durch das Zwerchfell fand er Magen, Leber, Milz und Dünndarm unempfindlich.

Nach Neumann reichte die Anästhesie bei Splanchnicusdurchtrennung bis zur Flexura sigmoidea. Er glaubt aber, daß in Bezug auf die untere Grenze der Empfindungslosigkeit Variationen häufig sind (zit. n. Buhre).

Heute steht also jedenfalls gegen Lennander fest, daß die inneren Organe sensible Nerven besitzen, die aus dem Sympathicus stammen; denn es wurde durch die Versuche von Neumann und Kappis festgestellt, daß die Schmerzleitung von den Eingeweiden auf Bahnen erfolgt, die von den Organen aus längs der großen Gefäße zu den sympathischen Ganglien verlaufen und durch die Rami communicantes in das Rückenmark eintreten. Aus Fasern der Rami communicantes D 5 oder D 6 bis D 10 wird der N. Splanchnicus major, aus D 11 bis D 12 der Splanchnicus minor gebildet.

Die Splanchnici münden im Ganglion coeliacum, von dem aus die Nn. mesenterici als feine Fasern an die Gefäße des Mesenteriums herantreten. Die sensible Innervation der Bauchwand wird durch die Hautäste der Intercostalnerven und Lumbalnerven besorgt. Die sensiblen Hautäste bilden jedoch so reichliche Anastomosen, daß bei zentraler Unterbrechung der Sensibilität die Hautanästhesie erst zwei Segmente tiefer beginnt. (Adam.)

Als sicher in unseren Anschauungen über die Innervation der Bauchorgane kann also nach alldem angenommen werden, daß das schmerzempfindliche Peritoneum parietale von den Intercostal- und Lumbalnerven versorgt wird, und daß das Peritoneum viscerale und die Bauchorgane als solche unempfindlich sind. Schmerzhaft ist die Gegend der großen Gefäße, die Mesenterien, das kleine Netz, der Ansatz des großen Netzes am Magen, die Gegend des Hepaticus, Cysticus, Choledochus, die Leberpforte und der Nierenhilus. Die Leitung dieser Gebilde geht über den Splanchnicus zu den Rami communicantes des 6. bis 12. Dorsalnerven und von dort zum Rückenmark.

Auf dieser Tatsache sind alle modernen Anästhesierungsmethoden aufgebaut. (Paravertebrale, Splanchnicusanästhesie nach Braun und Kappis.)

Trotz Ineinandergreifens der einzelnen Innervationsabschnitte ist die Versorgung doch eine ziemlich regelmäßige und segmentäre. Kappis hat experimentell festgestellt, daß die oberste Grenze für die Innervation der Bauchorgane das 6. Dorsalsegment ist. Nach Durchschneidung des Rückenmarks an dieser Stelle trat Anästhesie aller Bauchorgane ein. Eine Anästhesierungsmethode aller dieser Gebilde müßte D 6 bis L 4 ausschalten. Kappis hat weiter gefunden, daß die Innervation der Bauchorgane bilateral erfolgt. Es müßten also zur Anästhesierung der Bauchorgane die Leitungswege zu beiden Seiten der Wirbelsäule ausgeschaltet werden.

Die seinerzeitige Lennandersche Ansicht von der Bedeutungslosigkeit des N. sympathicus für die Innervation der Bauchhöhlenorgane gehört also der Vergangenheit an. Seine Ansicht aber über die Empfindungslosigkeit der Magendarmwand als solcher besteht auch heute noch zu Recht. Bei starken Schmerzen soll es zur Überleitung der Erregung auf die Vorderhörner des Rückenmarkes kommen und damit zur reflektorischen Kontraktion der betreffenden Muskeln (Défense musculaire) und zur Tonusänderung im gesamten cerebrospinalen und vegetativen Nervensystem (Gubergritz und Istschenko).

Auf die in den nervösen Hauptorganen liegenden Zentren für die diversen Schmerzempfindungen (Substantia gelatinosa Rolandi, Thalamus opticus, Bauchganglien nach Karplus und Kreidl) kann hier nicht näher eingegangen werden.

Ganz ähnlich wie bei den Bauchorganen liegen zweifellos die Verhältnisse auch bei den thoracalen Organen, insbesondere beim Herzen. Auf dieselben wird im Kapitel über die Angina pectoris näher eingegangen werden.

In den einzelnen Kapiteln der Anwendung der paravertebralen Injektion findet sich über diesen Gegenstand noch näheres.

IV. Technik der paravertebralen Injektion

Zweck der paravertebralen Injektion ist, den Ramus communicans eines ganz bestimmten oder mehrerer Segmente temporär oder dauernd auszuschalten. Zu diesem Behufe muß ein Anästhetikum möglichst nahe an den Ramus communicans des schmerzleitenden Segmentes herangebracht werden, ein Vorgehen, das nur bei genauer Kenntnis der Technik und einiger Übung erfolgreich möglich ist.

Im anatomischen Teil wurde schon darauf hingewiesen, daß es bei fetten Individuen schwierig ist, die Höhe des Dornfortsatzes und somit die Höhe des gewünschten Segmentes festzustellen. Es sei nun darauf hingewiesen, daß die richtige Höhenbestimmung, insbesondere bei einzelnen Injektionen, eine conditio sine qua non für das Gelingen der Methode ist. Es ist ja ganz klar, daß z. B. eine Injektion in das 9. statt in das 10. Dorsalsegment bei Gallenblasenschmerzen (also eine Injektion in Höhe des 8. statt 9. Dornfortsatzes der Brustwirbelsäule) wirkungslos sein muß, falls das Anästhetikum nicht durch Zufall bis zum richtigen Segment diffundiert.

Wir nehmen die Injektion am sitzenden Patienten vor, dessen Wirbelsäule durch Vornüberneigen in Kyphosestellung gebracht wurde. Die Schultern sollen nach vorne genommen, die Arme über der Brust verschränkt werden. Nun wird auf das sorgfältigste von der Vertebra prominens an nach abwärts gezählt. Für die mittlere und untere Brustwirbelsäule empfiehlt sich jedenfalls eine Kontrollzählung von der Höhe der Darmbeinschaufeln nach aufwärts. Eine Linie, welche die Darmbeinschaufeln verbindet, geht in der Horizontalen zwischen dem 3. und 4. Lendenwirbel durch. Im Notfalle müssen die entsprechenden Dornfortsätze durch das Röntgenbild dargestellt werden und vor der Röntgenaufnahme zur Kontrolle mit Metallplättchen markiert und an die Haut mit Heftpflaster fixiert werden.

Wenn die entsprechenden Dornfortsätze und damit die zu beschickenden Segmente markiert sind, wird die Haut, am besten mit Jodtinkturstrichen, bezeichnet. Erst dann wird das Operationsgebiet gereinigt. Gleich an dieser Stelle sollen die Stellen, an denen aus den verschiedensten Indikationen paravertebrale Injektionen ausgeführt werden können, angegeben werden. (Siehe Abb. 4.)

Angina pectoris	C 7, D 1 bis D 4 bilateral oder einseitig, oder nur einige Segmente aus dieser Reihe
Asthma bronchiale	D 1 bis D 5 bilateral oder einseitig, oder nur einige Segmente aus dieser Reihe
Pylorus und Duodenum	D 6 und D 7, D 7 oder D 6 bis D 8 rechts
kleine Kurvatur des Magens	D 6 und D 7, D 6 oder D 7 ein- oder beidseitig
Magen	D 6 bis D 8 beiderseitig
Gallenblase	D 9 oder D 9 und D 10 nur rechts
Appendix	D 12 oder D 12, L 1 oder D 12 bis L 3 rechts

Rechte Niere	D 12 und L 1 oder: D 12 und L 1 und L 2 rechts
Linke Niere	D 12 und L 1 oder: D 12 und L 1 und L 2 links
Abdomen als Operationsanästhesie	D 6 bis L 4 beiderseits
Anästhesie zu Nierenoperationen (Illyes)	(D 12, L 1, L 2 ?)
Anästhesie zu Gallenblasenoperationen (Mandl) und Bauchdeckenanästhesie	D 9 und D 10 rechts
Anästhesie zu Gallenblasenoperationen (Jurasz)	D 6 bis L 1 rechts

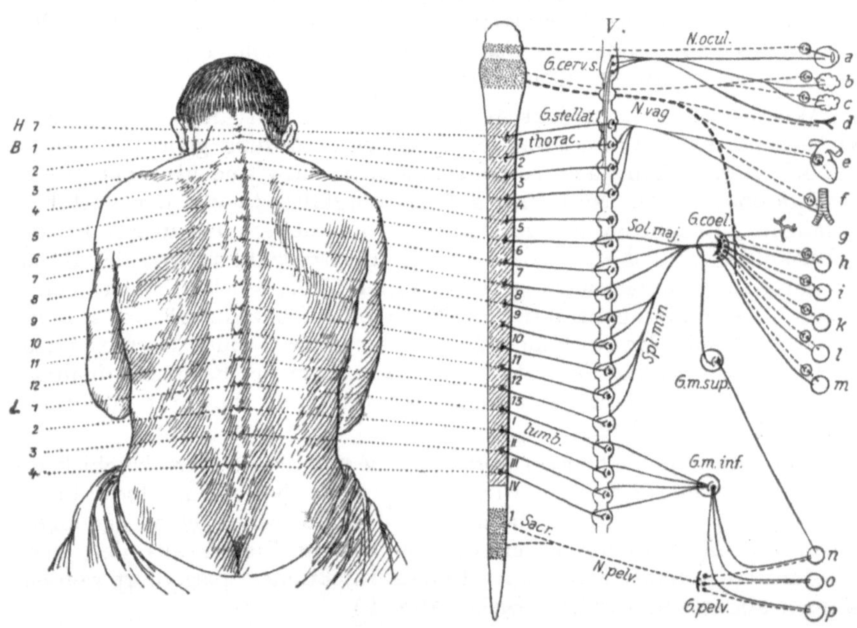

Abb. 4. Veranschaulichung der vegetativen Innervation und ihrer Beziehung zu den paravertebral gelegenen Injektionsstellen

(Der rechte Teil des Bildes ist einer Zeichnung aus H. H. Meyer-Gottlieb Pharmakologie nachgebildet)

Vagus punktiert, Sympathicus ausgezogen

V. = Vertebralganglien	*h* = Magen
a = Auge	*i* = Leber
b = Speicheldrüsen	*k* = Pankreas
c = Speicheldrüsen	*l* = Darm
d = Vasomot. Kopf. Schleimhaut	*m* = Niere
e = Herz	*n* = Colon-Rectum
f = Bronchien	*o* = Blase
g = Vasomot. Magen. Darm	*p* = Genitale

An dieser Stelle sei, um einen Irrtum zu vermeiden, nochmals hervorgehoben (siehe Anatomie S. 3), daß die Höhe der mittleren und unteren Dorsal- und Lendensegmente dem Dornfortsatz des nächsthöheren Wirbels entsprechen. Das 10. Dorsalsegment wird also in der Höhe des 9. Dornfortsatzes der Brustwirbelsäule injiziert, was wir als D 9 bezeichnen.

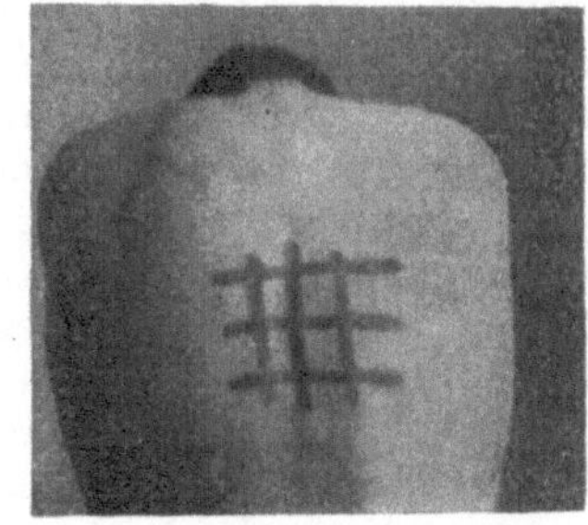

Abb. 5. Jodmarkierung der Einstichpunkte bei der paravertebralen Injektion

Das Operationsgebiet, das seitlich von der Wirbelsäule liegt, wird mit Benzin und Alkohol gereinigt. Die Hände des Operateurs müssen steril gewaschen werden. Dann zieht man sich, in einer Entfernung von ca. 3 cm von derWirbelsäulenmitte entfernt, eine Linie mit einem Jodtinkturstäbchen und fällt von der bereits markierten Höhe des entsprechenden Dornfortsatzes horizontale Linien zu derselben. Der Schnittpunkt der beiden Linien bezeichnet die Einstichstelle. (Siehe Abb. 5.)

Nun ist nochmals Vorsorge zu treffen, daß das zur paravertebralen Injektion notwendige Instrumentarium vollzählig und gebrauchsfertig bereitliegt. Wir benötigen mehrere ca. 10 bis 12 cm lange, mäßig starke Nadeln. Es empfiehlt sich, das beste Material auszuwählen, da rostige oder schlechte Nadeln brechen können. Ihre Durchgängigkeit muß natürlich vor der Injektion festgestellt sein, ebenso wie die der 10 bis 20 cm^3 fassenden Rekordspritze. Das Anästhetikum muß frisch bereitet sein (s. u.) ($^1/_2$% Novokain oder $^1/_4$% Tutokainlösung mit oder ohne Adrenalinzusatz). Außerdem müssen für jede paravertebrale Injektion ein Skapell, scharfe Häkchen, Pinzetten für allfällig vorkommende üble Zufälle (Abbrechen der Nadel) steril bereit sein.

Der Einstich erfolgt — ganz unabhängig von der Höhe des zu beschickenden Segmentes — ungefähr 3 bis 4 cm seitlich von der Wirbelsäulenmitte. Um denselben möglichst schmerzlos zu gestalten, empfiehlt es sich, mit einer ganz feinen kleinen Nadel zunächst eine intracutane Quaddel mit dem Anästhetikum zu bilden, oder aber es kann zu demselben Zweck die Injektionsstelle mit einem Chloraethylspray vereist werden. Bei empfindlichen und nervösen Patienten dürfte es sich auch empfehlen, vor der Injektion ein Beruhigungs- oder Betäubungsmittel zu verabreichen (Brom, Pantopon). Es kann übrigens bei einer Injektion, die nur in einem Segment vorgenommen werden soll, auch mit einem Skalpell eine ganz kleine cutane Incision vorgenommen werden, denn durch die Cutis dringt die Nadel am schlechtesten ein, und gerade dieser Akt wird unangenehm empfunden.

Nun kann die Injektion selbst beginnen.

In die durch die Jodtinkturzeichnung genau markierte Hautstelle wird nun genau in sagittaler Richtung eingestochen. Je nach der Fett- und Muskelschicht des Individuums gelangt man in einer Höhe von 2 bis 5 cm an einen knöchernen Widerstand. Am ganzen Wege des

Vordringens der Nadel durch das Unterhautzellgewebe, Fett, Fascia lumbodorsalis und die Muskulatur (M. trapecius, latissimus dorsi, lange Rückenstrecker) wurde während des Vordringens der Nadel Flüssigkeit injiziert.

Die Spritze abzunehmen und abzuwarten, ob Blut aus der Nadel abfließt — also der Gefahr der intravasalen Injektion zu entgehen — ist in dieser Schichte noch nicht notwendig. Der knöcherne Widerstand ist durch den Querfortsatz oder durch die entsprechende Rippe gegeben. Sollte man in einer Tiefe von ca. 5 cm noch nicht auf knöchernen Widerstand gestoßen sein, dann befindet man sich im Intercostalraum. In solchen Fällen wird die Situation oft auch dadurch geklärt, daß die Patienten beim Anstechen des N. intercostalis einen Schmerz empfinden. Unter diesen Umständen muß die Nadel zurückgezogen werden, und man beginnt nochmals an anderer Stelle. Der Patient spürt von dem Suchen mit der Nadel nicht viel, da ja der ganze Bereich betäubt wurde. Auch das Anschlagen der Nadel an den knöchernen Widerstand wird manchmal unangenehm empfunden und es muß daher sofort, nachdem man auf Knochen stößt, das Betäubungsmittel eingespritzt werden. Nun nimmt man die Spritze ab und tastet sich mit der nicht armierten Nadel an den oberen Rand des knöchernen Widerstandes und dringt mit abgenommener Spritze weiter ca. 1 cm in der sagittalen Ebene vor. Nun besteht die Möglichkeit des Anstechens eines Intercostalgefäßes. In diesem Falle wird sich aus der Nadel Blut entleeren. Wenn dies geschieht, dringe man unbekümmert weiter vor, injiziere aber nicht. Die schmerzhaften Sensationen sind an dieser Stelle durch das Anstechen eines Intercostalnerven erklärlich. Sie verschwinden sofort, wenn man — falls kein Blut abfließt, darf das geschehen — ein ganz geringes Quantum Anästhesieflüssigkeit injiziert.

Knapp oder ca. 1 cm, nachdem man also den oberen Rand des knöchernen Widerstandes überwunden hat, beginnt der zweite Teil der Injektion. Es wird nun mit der Nadel eine Richtungsänderung vorgenommen. Ihre Spitze muß ca. 20 bis 30 Grad zur Wirbelsäule zu (20 Grad bei der Lendenwirbelsäule, 30 Grad bei der Brustwirbelsäule nach Gubergritz und Istschenko) geneigt werden. Die Spritze selbst wird natürlich in diesem Sinne nach außen gedreht. Nach dieser Drehung, die mit angesetzter Spritze vorgenommen wurde, dringe man noch um 3 bis 4 cm in dieser Richtung gegen die Vorderfläche der Wirbelkörper zu vor, nehme aber nach je einem Zentimeter die Spritze ab und warte, ob sich nicht Blut oder Liquor aus der Nadel entleert (s. u.). Ist dies nicht der Fall, injiziere man 3 bis 4 cm jenseits des knöchernen Widerstandes, nachdem man hier abermals nach Abnehmen der Spritze die Entleerung von Blut oder Flüssigkeit abgewartet hat, 10 cm^3 der Anästhesieflüssigkeit (über Dosierung siehe unten). ($^1/_2$% Novokain- oder $^1/_4$% Tutokainlösung). Mit raschem Ruck wird nun die Nadel herausgezogen, und die Injektionsstelle nach Jodierung mit einem Gazepflasterstreifen bedeckt. (Abb. 6.)

Nach der Injektion lassen wir den Patienten etwas ruhen, und zwar nach Verbrauch einer größeren Menge Anästhesieflüssigkeit längere, nach Verbrauch eines kleineren Quantums kürzere Zeit. Bei Patienten, die an die Klinik aufgenommen sind, spielt dieser Punkt keine solche Rolle, doch haben wir paravertebrale Injektionen auch schon wiederholt bei ambulanten Patienten ausgeführt. Nach einer Stunde konnten sie sich anstandslos entfernen, und von einem unangenehmen Zwischenfall ist mir nichts bekannt geworden.

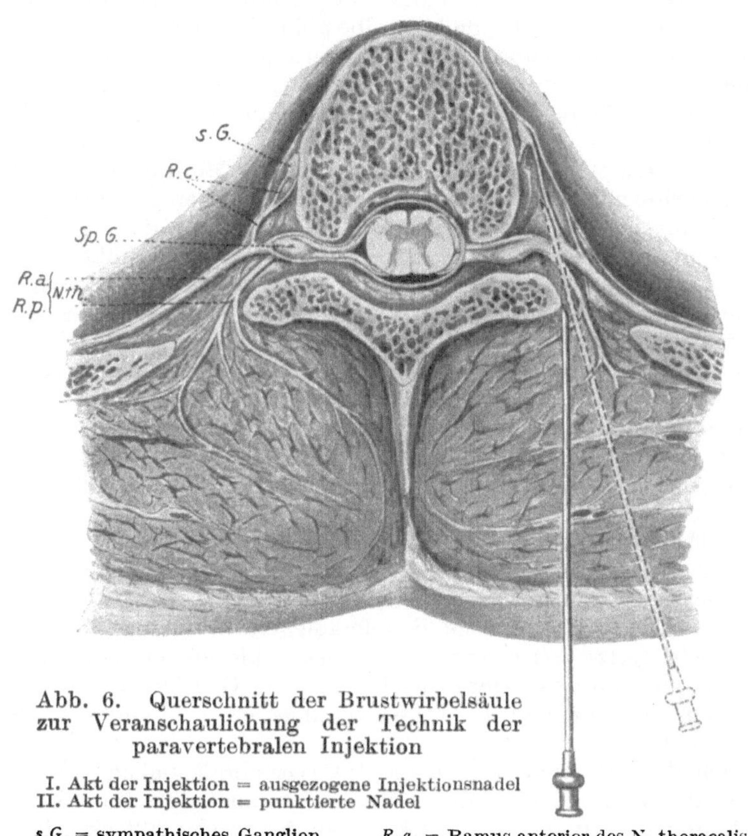

Abb. 6. Querschnitt der Brustwirbelsäule zur Veranschaulichung der Technik der paravertebralen Injektion

I. Akt der Injektion = ausgezogene Injektionsnadel
II. Akt der Injektion = punktierte Nadel

s.G. = sympathisches Ganglion
R.c. = Rami communicantes
Sp.G. = Spinalganglion
R.a. = Ramus anterior des N. thoracalis
R.p. = Ramus potterior des N. thoracalis

In letzter Zeit habe ich, um die Nadel nicht allzusehr zu belasten, versucht, die Richtungsänderung derselben gegen die Wirbelsäule zu fortzulassen und steche nun, 4 bis 5 cm von der Dornfortsatzlinie der Wirbelsäule entfernt, in einer Winkelstellung von 20 bis 25 Grad gegen die Mittellinie zu ein, taste in entsprechender Höhe den Widerstand, passiere den oberen Rand desselben und dringe ohne Änderung der Nadelstellung in die Tiefe ein.

Es gibt nun natürlich Fälle, bei denen der Ablauf der Injektion nicht so schulmäßig vor sich geht, wie es hier geschildert wurde. Unter solchen Umständen muß aber mit einem Versager gerechnet werden. Die Hindernisse und Schwierigkeiten der Injektion können aber oft noch umgangen werden. Vor allem gelingt es manchmal erst nach mühevollem Suchen, am oberen Rand des ersten knöchernen Widerstandes vorbeizukommen. In solchen Fällen befindet man sich oft zu nahe der Wirbelsäulenmitte. In diesem Falle muß die Injektion natürlich nochmals beginnen. Jede zu starke intracutan vorgenommene Richtungsänderung der Nadel bringt die Gefahr, daß dieselbe abbricht. Ein ziemlich häufiges Ereignis ist, daß man, schon an der Deponierungsstelle des Anästhetikums angelangt, an knöchernen Widerstand stößt. Man ist in diesem Falle an die Vorderfläche der Wirbelkörper angekommen und muß die Nadel etwas zurückziehen und erst dann injizieren.

Eine weitere Möglichkeit: Während man bei Blutung aus der Nadel in Zwischenrippenhöhe dieser ganz einfach durch weiteres Vordringen ausweichen kann, ist eine Blutung aus der Nadel am Orte der Deponierung des Betäubungsmittels unangenehmer, da hier schon größere Gefäße liegen. In diesen seltenen Fällen muß von der Injektion überhaupt abgesehen werden. Fließt Liquor aus der Nadel — ein Fall, der mir bei hunderten Injektionen bisher noch nie vorkam — so zeigt diese Tatsache, daß man infolge zu starker Neigung der Nadel wirbelsäulenwärts in das Foramen intervertebrale eingedrungen ist. Eine Injektion des Anästhetikums, die intradural oder gar intramedullar erfolgen würde, wäre natürlich von den unangenehmsten Folgen, eventuell vom Tode des Patienten durch Atemlähmung begleitet. Beim Abfließen von Liquor hat natürlich die Injektion zu unterbleiben.

Durch Präparation an der Leiche habe ich mich überzeugen können, daß die Bedeckung der zu beeinflussenden nervösen Gebilde von den Querfortsätzen in den einzelnen Abschnitten der Wirbelsäule allerdings verschieden ist, und daß eine Regelmäßigkeit in diesen Beziehungen absolut nicht festzustellen war. Manchmal schienen im Lendenteil die Rami communicantes weniger ausgiebig von den Querfortsätzen bedeckt, wie es Gubergritz und Istschenko angaben. In anderen Fällen traf dies nicht zu.

Durch die Injektion werden die Intervertebralganglien, also beide Rückenmarkswurzeln, und die Rami communicantes von dem Anästhetikum getroffen. Bei Blauinjektion an der Leiche läßt sich das sehr gut darstellen. Wenn auch eine möglichst exakte Injektion anzustreben ist, dürfen wir aber nicht glauben, in jedem Falle wirklich den entsprechenden Ramus communicans selbst treffen zu können. Es ist überdies bekannt, daß sich, ebenso wie sich die einzelnen Dermatome überkreuzen, dasselbe wahrscheinlich auch von den visceralen Schmerzleitungsbahnen angenommen werden kann. Hier kommen als weitere diesbezügliche Schwierigkeit die verworrenen topographischen Verhältnisse der Rami communicantes hinzu. Alle diese theoretischen Hindernisse für das Gelingen selbst der exaktest ausgeführten Injektion werden aber durch die praktischen Erfolge derselben beseitigt, so daß angenommen werden muß, daß die unter einem gewissen Druck eingespritzte Flüssigkeit sehr rasch und ausgiebig in die Umgebung diffundiert. Ohne diesen Vorgang wäre natürlich die paravertebrale Injektion vollkommen unsicher.

Im allgemeinen kann aber behauptet werden, daß ein Versagen der paravertebralen Injektion bei akuten Schmerzzuständen, bei welchen das Verfahren erprobt ist, meist auf Fehler in der Technik zurückzuführen ist. Vorausgesetzt natürlich, daß es sich um einen umschriebenen Prozeß handelt. Dieser Fehler kann sich auf die Wahl eines falschen Segmentes zur Injektion beziehen, er kann durch fehlerhafte Bestimmung der Dornfortsätze unterlaufen sein, es kann die Injektionsflüssigkeit an falscher Stelle deponiert worden sein, oder aber liegt der Fehler in der Unwirksamkeit des zur Betäubung verwendeten Anästhetikums. Ich habe schon wiederholt Patienten mit Erfolg eine paravertebrale Injektion verabreicht, bei denen an anderer Station dieselbe ohne Erfolg vorgenommen worden war. Insbesondere scheint häufig intercostal statt paravertebral eingespritzt worden zu sein. Diese Bemerkungen beziehen sich selbstverständlich aber nur auf Schmerzzustände, deren Behebung durch die paravertebrale Injektion schon in zahlreichen Fällen durchgeführt werden konnte und deren Schmerzleitung bekannt ist.

In Betreff des Anästhetikums muß an dieser Stelle auch einiges vorgebracht werden:

Das bisher meist verwendete Anästhetikum ist das Novokain, das von Einhorn entdeckt, von Braun in die Praxis eingeführt wurde. Braun hat nämlich, um die rasche Resorption des Novokains zu verhindern, demselben Adrenalin zugesetzt und dadurch auch seine Intoxikationsgefahr wesentlich eingeschränkt. Das Novokain kommt in Tablettenform in den Handel. Eine Tablette enthält 0·125 Novoc. hydrochlor. und 0·000125 Suprarenin. 4 Tabletten in 100 cm^3 physiologischer Kochsalzlösung geben 100 cm^3 einer halbprozentigen Lösung.

Die Dosierung ist ganz eigenartig. Es kommt, um Vergiftungserscheinungen zu vermeiden, nicht so sehr auf die in Gramm ausgedrückte Maximaldosis an, als vielmehr auf die Verdünnung. Eine $^1/_4$% Lösung ist ungiftiger als die gleiche Grammzahl einer $^1/_2$% Lösung. So ist es auch kein Wunder, daß z. B. bei Anwendung der in der deutschen Pharmakopoe angegebenen Maximaldosis schon schwere Vergiftungen beobachtet wurden. Das Novokain zeichnet sich vor allem durch seine vollkommene Reizlosigkeit gegenüber den Geweben aus; denn selbst nach endermatischer Injektion von 10% Lösung zeigen sich keine Irritationszustände am Orte der Einverleibung. Das Novokain hat aber den großen Fehler, ganz ungemein flüchtiger Wirkung zu sein. Diese wird durch den Zusatz von Suprarenin allerdings wettgemacht. Die Verzögerung der Resorption erklärt sich nach Zusatz dieses Mittels durch die Anämisierung des Gewebes.

Aber auch die Wirkung des Novokain mit Suprareninzusatz ist natürlich eine temporär begrenzte, obwohl es, wie man vermuten kann, gerade bei den Anwendungsformen des Novokains, welche wir im Auge haben, von Wichtigkeit wäre, ein Präparat zu finden, durch das seine Wirkung, die in $^1/_2$% Lösung gewöhnlich zirka 2 bis 4 Stunden andauert, auf ein Vielfaches verlängert werden könnte. In Erkenntnis dieses wichtigen Problems sind auch schon zahlreiche Versuche unternommen worden, um die Novokainwirkung zu verlängern. Die so erzeugten Präparate aber haben den Nachteil, daß sie das Gewebe reizen, was ihren Wert reduziert, bzw. zunichte macht.

Die theoretische Voraussetzung für eine ganze Reihe derartiger Versuche ist eine Arbeit von Groß, der die bekannte Narkosetheorie Meyers zum Ausgangspunkt seiner Untersuchungen machte.

Auf ihrer Grundlage nahm dann Groß an, daß die Basen der Betäubungsmittel stärker wirken, als ihre Salze und ihre Salze umso stärker, je schwächer die Säure ist, die sie enthalten. Laewen stellte auf Grund dieser Arbeit Versuche mit Novokain-Bikarbonatlösung an. Groß selbst versuchte es im Experiment mit Novokainphosphat und -borat. Diese Mittel aber riefen starke Gewebsschäden hervor. Später wurde von Kochmann, Zorn und Hofmann dem Novokain 0·4% Kaliumsulfatlösung zugesetzt, und es konnte eine anhaltendere Wirkung konstatiert werden. Braun hat das Verfahren mit gleichem Erfolg nachgeprüft und empfohlen. Eine bedeutende Verlängerung der Wirkung ließ sich aber auch hier nicht erzielen. Finsterer schlug jüngst, auf amerikanischen Arbeiten fußend, vor, 0·5 Chinin. sulfur. zu 100 g $^1/_2$% Novokainlösung zuzusetzen, um die Novokainwirkung zu verlängern und zu verstärken. Er erhoffte sich von diesem Vorgehen eine mehrere Tage andauernde Schmerzlosigkeit, was nach Laparotomien im Interesse der Expektoration besonders erwünscht wäre. Nach Selbstversuchen aber konnte ich konstatieren, daß eine deutlich längerdauernde Wirkung des Novokains auf diesem Weg nicht zu erzielen ist.

Von den vielen in den letzten Jahren in den Handel gekommenen Betäubungsmitteln hat nur noch das Tutokain Bedeutung erlangt. Es wird von der Fa. Bayer & Co. in Pulverform und in Tabletten mit oder ohne Adrenalinzusatz geliefert. Es ist bisher auf mehreren chirurgischen Stationen in Anwendung gekommen und hat sich nach den vorliegenden Berichten gut bewährt. Markuse hat ungefähr 100 Operationen in $^1/_8$% Lösung ausgeführt und festgestellt, daß die Betäubung mit dieser schwachen Lösung ebenso gut war wie die ursprünglich angewendete $^1/_4$ bis $^1/_2$% Lösung eines anderen Anästhetikums. Das Charakteristikum des Tutokain ist also, auch in sehr verdünnten Lösungen wirksam zu sein. Finsterer hat das Mittel bei 62 Laparotomien verwendet, worunter sich größtenteils Operationen finden, die in Splanchnicusanästhesie nach Braun vorgenommen wurden. Er verwendet zu dieser Methode 50 bis 70 cm^3 $^1/_4$% Tutokainlösung. Bei der Splanchnicusanästhesie soll nach Finsterer das Tutokain das Novokain übertreffen, da auch die 0·2% Lösung bereits vollständige Anästhesie gibt und „vielleicht auch von längerer Dauer ist“. Finsterer hat auch in 3 Fällen paravertebrale Injektionen mit Tutokain vorgenommen und dabei ausgezeichnete

Anästhesie erzielt. Er meint, daß durch die Anwendung des Tutokains die Gefahren der paravertebralen und auch der parasacralen Anästhesie (s. u.) sich wesentlich einschränken ließen. Aus seinem Bericht sei im übrigen wörtlich zitiert:

„Auch für die erweiterte parasacrale Anästhesie mit Injektion über dem Querfortsatz des 5. Lendenwirbels kann das Tutokain eine besondere Bedeutung erlangen. In 2 Fällen hatte ich eine gute Anästhesie erzielt, so daß es möglich war, das tiefsitzende Karzinom des Colon pelvinum (18 und 20 cm über dem Anus) vollkommen schmerzlos zu resezieren und die zirkuläre Darmnaht in der Tiefe des kleinen Beckens auszuführen. Gerade für die Operation dieser tiefsitzenden Karzinome, für welche die kombinierte Operation (zuerst Laparotomie, dann Kraske) zur Entfernung des Karzinoms und Wiederherstellung der Kontinenz notwendig werden kann, vermag die Anwendung eines weniger giftigen und dabei doch wirksamen Anästhetikums eine große Bedeutung zu erlangen, weil damit die Gefahr des sogenannten Operationsschockes auf ein Minimum reduziert, vielleicht ganz beseitigt werden kann."

„Was die Dauer der Anästhesie anbelangt, so können auch hier große Schwankungen, je nach der Menge und Konzentration des Mittels und nach den persönlichen Eigenschaften des Operierten, bestehen. Die Splanchnicusanästhesie mit 70 cm^3 einer 0·2% Tutokainlösung dauert in der Regel etwas länger (1 bis $1^1/_2$ Stunden) als mit der gleichen Menge einer $^1/_2$% Novokainlösung. Die Bauchdeckenanästhesie ist auch nach 3 Stunden Operationsdauer in manchen Fällen noch vollkommen vorhanden, in manchen Fällen dagegen ist dieselbe bereits nach 2 Stunden geschwunden, so daß man neuerdings Anästhesielösung einspritzen muß. Diese Schwankungen scheinen zum Teil auch von der Menge der eingespritzten Flüssigkeit abzuhängen. Eine Daueranästhesie durch viele Stunden, ja durch Tage, welche das Ideal für eine schmerzlose Wundheilung wäre, konnte ich auch mit diesem Mittel nicht erreichen." (Finsterer.)

Laewen bezeichnet das Tutokain als einen Fortschritt in der Sacralanästhesie, denn durch dieses wird die hohe Dosierung des Betäubungsmittels, das allein eine wirksame Anästhesie verbürgte, überflüssig. Das Tutokain kann also in größerem Volumen und in niedrigerer Konzentration in den Extraduralraum gebracht werden.

Braun, der 150 chirurgische Operationen in örtlicher Betäubung mit Tutokain ausgeführt hat (darunter 51 Operationen in paravertebraler Anästhesie), hebt hervor, daß es scheine, als ob die Intensität und Dauer der Tutokainbetäubung größer sei, als wenn Novokain in viermal stärkerer Konzentration zur Anwendung gekommen wäre. Die Konzentration des Tutokains soll den 4. Teil der Konzentration für das Novokain betragen. Zur Splanchnicus- und Parasacralanästhesie können entsprechend einer $^1/_2$% Novokainlösung nun 1% Tutokainlösung verwendet werden. Über weitere günstige Erfahrungen wurde von Lotheissen und von Heuss berichtet. Lotheissen verwendet im allgemeinen 0·2% Lösungen, zur Kappisschen Anästhesie 0·4% in einer Menge von 90 bis 100 cm^3. Zur parasacralen Anästhesie werden von Lotheissen 60 cm³ einer 0·4% Lösung injiziert.

Unsere Einstellung zum Tutokain war ursprünglich eine recht skeptische. Später hat sich bei chirurgischen Operationen im allgemeinen gezeigt, daß eine $^1/_4$% Lösung das zu leisten imstande ist, was eine $^1/_2$% Novokainlösung leistet. Ich bin dann bald darangegangen, das Tutokain aus den verschiedensten Indikationen auch zur paravertebralen Injektion zu verwenden und bin schließlich dabei geblieben, eine $^1/_4$% Lösung Tutokain einer $^1/_2$% Lösung Novokain gleichzustellen. Insbesondere in den Fällen, wo mehrere Injektionen notwendig sind (also z. B. zur Operationsanästhesie) oder bei Leiden, bei welchen wir infolge Unmöglichkeit der exakten Segmentbestimmung mehrere Segmente injizieren und so eine hohe Dosis des Anästhetikums verwenden müssen, ist dem Tutokain der Vorzug zu geben. Ich habe weiters gefunden, daß die oft sehr herabgekommenen Patienten, die an einer Angina pectoris leiden, das Tutokain besser vertragen als das Novokain, und die der Injektion manchmal folgenden Erscheinungen eines leichten Kollapses und Schwächegefühles viel geringfügiger sind bzw. ganz fehlen. Da es meines Erachtens nach bei der paravertebralen Injektion von Vorteil ist, wenn eine größere Flüssigkeitsmenge injiziert wird, da diese zu den entsprechenden Nervenstämmen viel leichter diffundieren kann, habe ich bei manchen Fällen das doppelte Quantum Tutokain injiziert (statt 10 cm³ $^1/_2$% Novokainlösung, 20 cm³ $^1/_4$% Tutokainlösung). Ein weiterer Vorteil ist, daß man bei einer Tutokaininjektion viel leichter vom Adrenalinzusatz Abstand nehmen kann, weil das Tutokain weniger giftig ist als das Novokain und seine Resorption also nicht so schwere Gefahren in sich birgt (s. u.). Aus allen diesen Gründen kann das Tutokain anläßlich der Anwendung der paravertebralen Injektion wärmstens empfohlen werden.

Im vorhergehenden wurde an einigen Stellen die Beziehung des Anästhetikums zur paravertebralen Injektion bereits hervorgehoben. Nun soll das Eigenartige derselben noch eingehender beleuchtet werden. Vor allem ist bei vielen Anwendungsformen der paravertebralen Injektion der Adrenalinzusatz zu vermeiden, da das Adrenalin bei gewissen Krankheitszuständen als Krampfgift vermieden werden soll (Angina pectoris etc.). Dadurch wird also die Resorption beschleunigt und intensiver. Dann aber injizieren wir bei der paravertebralen Injektion in ein Gebiet, das nach den Untersuchungen Muroyas ganz besonders auf das Betäubungsmittel anspricht. Muroya hat im Tierexperiment am Kaninchen zeigen können, daß 0·16 pro Kilo Körpergewicht Novokain paravertebral bereits Krämpfe und schließlich den Tod herbeiführt, eine Dosis, die bei subcutaner Anwendung ohne alle Folgeerscheinungen bleibt. Die letale Dosis im Tierexperiment beträgt bei subcutaner Injektion 0·35 bis 0·39, bei intravenöser Injektion 0·065, bei paravertebraler Injektion 0·15 bis 0·16, also ein Drittel der subcutanen Dosis. Diese — man könnte sagen — Affinität des paravertebralen Raumes zum Novokain erklärt Muroya durch die rasche Resorption des

Anästhetikums durch die Lymphbahnen, die längs der Aorta in dichten Maschen verlaufen und schließlich in einer intensiven Aufnahme und Ausscheidung des Giftes durch die Blutgefäße. Bei subcutaner Injektion wurde Farbstoff erst nach 10 bis 20 Minuten, nach paravertebraler Injektion nach 5 bis 10 Minuten durch die Niere ausgeschieden.

Daraus ergibt sich eine entsprechende Vorsicht in der Dosierung: Laewen hat bei seinem ersten Fall von paravertebraler Injektion 0·4 Novokain ohne Nebenerscheinungen paravertebral injiziert; Kappis hat dann ebenfalls ohne böse Folgen 0·625 Novokain verwendet; Finsterer 0·4 g. Nach meinen Erfahrungen richtet sich die Dosierung, abgesehen von der Konzentration, wie gesagt nach dem Kräftezustand des Patienten. Dort, wo wir bei Schwerkranken viele Injektionen zu verabreichen haben, wäre eine $^{1}/_{4}$ bis $^{1}/_{8}\%$ Tutokainlösung oder eine $^{1}/_{4}\%$ Novokainlösung anzuwenden, von der wir ca. 5 bis 6 cm^3 an jeder Einstichstelle injizieren. Bei weniger zahlreichen Injektionen kann man mit der Dosis und Konzentration in die Höhe gehen. Hier sind bei strikter Vermeidung der intravasalen Injektion 10 cm^3 einer $^{1}/_{2}\%$ Novokain- oder 20 cm^3 einer $^{1}/_{4}\%$ Tutokainlösung am Platz. Die Lösungen der Betäubungsmittel sollen immer frisch bereitet werden. Rotgefärbte Lösungen sind adrenalinzersetzt und nicht zu verwenden.

Es sei gleich vorweggenommen, daß üble Zufälle anläßlich der paravertebralen Injektion zu den Seltenheiten gehören. Ich selbst sah in meinem Material von ca. 350 Injektionen solche nur ausnahmsweise. Im folgenden will ich einige aus der Literatur bekanntgewordene unangenehme Zwischenfälle und auch die, welche mir selbst unterlaufen sind, bekanntgeben. Die Kenntnis der Komplikationen kann dem Verfahren nur dienen, indem der Operateur so lernt, sie zu vermeiden, soweit es überhaupt bei den Komplikationen auf die Technik ankommt.

Wir müssen vor allem Komplikationen während der Injektion und solche, die sich im Anschluß an die Injektion nachträglich einstellen, unterscheiden. Zu letzteren zähle ich z. B. die verschiedenen Grade der Allgemeinvergiftung.

Zur ersteren Gruppe will ich vor allem den durch die Injektion manchmal ausgelösten übermäßigen Schmerz beim Einstich zählen. Derselbe war in keinem mir bekannten Falle so hochgradig, daß die Injektion nicht hätte zu Ende geführt werden können. Wie bei jeder Schmerzempfindung, spielt ja auch hier die individuelle Schmerzempfindlichkeit eine große Rolle. Ich möchte aber hier bemerken, daß ich die Injektion auch bei einigen Kollegen auszuführen hatte. Dieselben ertrugen die Injektion — ein zuverlässiger Gradmesser für Schmerzen — anstandslos und ohne geringste Klagen.

Im Kapitel über die Technik der paravertebralen Injektion habe ich angegeben, wie sich die Schmerzhaftigkeit anläßlich des Einstiches mildern läßt. Die nächsten schmerzhaften Punkte, auf die wir stoßen, sind das Periost des Querfortsatzes bzw. der Rippe, das augenblicklich nach seiner Berührung mit dem Betäubungsmittel infiltriert werden muß. Wir können weiter, wie schon auseinandergesetzt, mit dem Intercostalnerven in Konflikt geraten. Auch hier hilft die Infiltration in wenigen Sekunden über den Schmerz hinweg. Die tiefer gelegenen Partien, besonders die neben der Wirbelsäule gelegenen, sind nicht mehr so schmerzempfindlich.

Eine weitere hier in Betracht kommende Komplikation betrifft die Injektion des Anästhetikums in die Blutbahn. Die Ansichten, ob sich dieselbe mit Sicherheit vermeiden läßt, wenn man bei „ruhender Nadel" injiziert, gehen etwas auseinander. Meiner Ansicht nach genügt die Probe vollkommen, die Spritze abzunehmen und einige Minuten auf einen allfälligen Blutaustritt zu warten. Jedenfalls befindet man sich dann mit der Nadel nicht in einem größeren Blutgefäß. Natürlich kann man auch versuchen, vorsichtig bei armierter Spritze etwas anzusaugen; so besteht aber die Möglichkeit, daß die Gefäßwand (Venenwand) an das Nadellumen angesaugt wird, wodurch es natürlich nicht zum Blutabfluß aus der Nadel nach außen kommen kann. Es ist also die erstere Probe zuverlässiger als die letztere. Bei vorsichtigem Vorgehen läßt sich die intravasale Injektion zweifellos vermeiden. Nach den Literaturberichten sind intravasale Injektionen besonders häufig anläßlich der paravertebralen Anästhesie bei Kropfoperationen zu verzeichnen gewesen, und manche Autoren nehmen an, daß es in diesen Fällen zu Injektionen in die Arteria vertebralis gekommen ist. (Braun, Zeller, Haertel.)

Die Gefahr der Injektion in den Duralsack oder in das Rückenmark selbst ist schon infolge der geschützten Lage dieser Organe abseits vom Wege der Injektion ganz gering. Vielleicht gibt es anatomische Besonderheiten, welche diese schweren Zufälle fördern könnten. Man soll aber vor dem Deponieren des Anästhetikums in der Tiefe der Wirbelsäule des sitzenden Patienten die Spritze abnehmen, einige Sekunden warten, um so nicht nur den Austritt von Blut, sondern auch von Liquor konstatieren zu können. Natürlich darf aber in der Umgebung dieser Stelle nicht vorher Novokain injiziert worden sein, da man sonst das durch die Nadel zurückfließende Anästhetikum für Liquor halten könnte. Winterstein und König haben Fälle dieser schweren Komplikation beschrieben. Wahrscheinlich ist man hier mit der Nadel, welche nach Passieren des ersten knöchernen Widerstandes einen zu scharf gegen die Wirbelsäule gerichteten Winkel nahm, durch das Foramen vertebrale in den Duralraum oder gar bis in das Rückenmark gestoßen. Finsterer nennt diesen Vorgang, der sich auch bei der Splanchnicusanästhesie (und das hier viel leichter) abspielen kann, treffend die „seitliche Lumbalpunktion".

Die Prophylaxe dieser schweren, aber sehr seltenen Komplikation besteht also darin, die Nadel nicht zu sehr wirbelsäulenwärts, die Spritze nicht zu sehr nach außen zu drängen. Fließt Liquor ab, dann hat die Injektion natürlich vollkommen zu unterbleiben. Injiziert man in den Duralraum, so kommt es natürlich zu schweren Lähmungserscheinungen, schließlich auch zum Atemstillstand. Dasselbe gilt für die Injektion in das Rückenmark. Zum Glück sind aber diese Komplikationen bei einigermaßen erlernter Technik sehr unwahrscheinlich.

Viel häufiger kann es vorkommen, daß man bei paravertebraler Injektion innerhalb des thoracalen Bereiches der Wirbelsäule die Pleura ansticht bzw. innerhalb der Pleura injiziert. In dem Augenblick, wo das vor sich geht, empfindet der Patient einen starken Hustenreiz, und aus der Nadel dringt Luft, was man an den feinen, an der Nadelbasis erscheinenden Bläschen sehr leicht erkennt. In diesem Falle soll die Nadel zurückgezogen und mehr in frontaler Ebene, also flacher, wieder vorgeschoben werden. Hat man aber schon einmal in die Pleura injiziert, so ist das ein Vorkommnis, das nur in den seltensten Fällen zu irgendwelchen länger dauernden Beschwerden Anlaß gab. Da die Injektionsflüssigkeit steril ist, kann eine Infektion der Pleura nicht eintreten. Merkwürdig ist, daß bei Patienten, bei welchen die Pleura verletzt wurde, im Augenblicke der Läsion ein bitterer Geschmack im Munde auftritt.

Bei 2 Patienten, bei welchen es zu dieser Komplikation gekommen war, entwickelte sich eine leichte Pleuritis, deren Erscheinungen innerhalb von 2 bis 3 Tagen auf feuchte Umschläge zum Verschwinden gebracht wurden. Die Patienten hatten Brustschmerzen mäßigen Grades, Hustenreiz und waren etwas schweratmig. Nach einer Injektion meiner Beobachtungsreihe kam es weiters zu einer mehrtägig anhaltenden Haemoptoë. Folgeerscheinungen derselben traten aber nicht ein.

Ich habe bei ca. 350 paravertebralen Injektionen fünfmal die Komplikation der Pleuraverletzung beobachten können. Kappis und Gerlach haben bei über 100 paravertebralen Injektionen viermal die Pleura verletzt. Dieselbe ist also ein seltenes Vorkommnis.

Theoretisch besteht die Möglichkeit, daß ein intraabdominelles oder intrathoracales Organ durch die Nadel verletzt werden kann. Ich veranschlage diese Gefahr bei richtig ausgeführter Operation als ziemlich gering. Es könnte höchstens möglich sein, einen Nieren- oder anderen retroperitoneal gelegenen Tumor bei Injektion in die untere Brust- oder obere Lendenwirbelsäule zu verletzen. Ebenso könnte dies der Fall sein, wenn durch große Tumoren der Bauchhöhle manche Organe eine Verlagerung und starke Verdrängung gegen das hintere Peritoneum zu erfahren. Dadurch würde die Verletzung der betreffenden Organe in den Bereich der Möglichkeit rücken. Unter normalen Verhältnissen kann aber von dem Eintreten dieser Komplikation sicher Abstand genommen werden. Was bei Verletzung bzw. bei Injektion des Anästhetikums in ein derartiges Organ eintreten würde, entzieht sich ganz meiner Beurteilung, da über derartige Fälle nichts bekannt geworden ist.

Ein ziemlich unangenehmer Zufall ist es, wenn bei der Injektion die Nadel plötzlich abbricht. Ich habe diesen Zwischenfall zweimal erlebt, konnte aber zum Glück das Nadelfragment nach einer kleinen Inzision sofort aus der Tiefe entfernen. Es ist aber nach dieser Erfahrung nochmals notwendig, darauf hinzuweisen, daß man nur Nadeln aus bestem Material zur paravertebralen Injektion verwenden darf. Auch ältere

Nadeln, deren Lumen verrostet ist, sollten keine Verwendung finden. Zum Abbrechen der Nadel kann es besonders leicht nach Überwindung des knöchernen Widerstandes kommen, wenn die Nadel aus der Sagittalebene in eine Winkelstellung zur Wirbelsäule gebracht wird. Kommt noch eine zu brüske Handhabung hinzu, dann bricht die Nadel meist unterhalb des Hautniveaus. Aus diesen Zufällen habe ich auch gelernt, immer ein Skalpell, Häkchen und Pinzetten anläßlich der Injektion steril vorbereitet zu halten. Jede Berührung einer unterhalb der Hautfläche abgebrochenen Nadel ist zu unterlassen, da sie durch jede Manipulation nur noch mehr in die Tiefe zu verschoben werden kann. Man soll sie daher sofort von einer kleinen Inzision aus zu entfernen versuchen. Bei ganz tiefem Abbruch müßte dies unter Zuhilfenahme des Röntgenlichtes geschehen. Diese Komplikation hat mich auch veranlaßt, in letzter Zeit die Technik der paravertebralen Injektion insbesondere bei nervösen, unruhigen Patienten zu ändern (siehe oben).

Die am häufigsten beobachteten Komplikationen betreffen die Novokainintoxikation, welche die verschiedensten Grade annehmen kann. Diese hängen von der Dosierung, von dem Orte der Infiltration und zweifellos auch von der Art des betreffenden Individuums ab, auf das einverleibte Gift zu reagieren. Inwieweit die allgemeine Erregung des Patienten mit einer leichten Novokainvergiftung verwechselt werden kann, kann natürlich retrospektiv nicht erhoben werden.

Siegel hat diesbezüglich 770 Fälle genau untersucht und gefunden, daß der Puls in den meisten Fällen ansteigt, und zwar von 88 auf 109 im Durchschnitt. In 1/4 der Fälle tritt Blässe des Gesichtes als Reaktion auf die Gefäßkonstriktion auf. In 4·5% wurde Schweißausbruch beobachtet, in 2·6% Brechreiz und in 2·5% Erbrechen. Atemstörungen oder Todesfälle hat Siegel nach paravertebraler Injektion niemals gesehen.

Die allgemeine Novokainvergiftung scheint nun nach paravertebraler Anästhesie an den Halsnerven häufiger vorzukommen, als bei Ausschaltung tieferer Segmente. So sind bisher 18 Fälle von Novokainvergiftung nach dieser Anwendungsform, besonders nach Anästhesierung zu einer Kropfoperation bekannt geworden, von denen 4 Patienten gestorben sind. (Brütt, Wiemann, Kappis, Becker.)

Über 4 Intoxikationsfälle aus dem gleichen Anlaß, die unter Kollapserscheinungen, oberflächlicher Atmung und Blutdrucksenkung schießlich das Bewußtsein verloren, berichtete jüngst König aus der Königsberger Klinik. Die Patienten wurden blaß, die Pupillen erweiterten sich und wurden reaktionslos; im Gesicht und an den Armen kam es zu klonischen Krämpfen. Die Erscheinungen dauerten Sekunden bis Minuten und gingen schließlich, ohne schwerere Schädigungen zu hinterlassen. vorüber. König meint, daß diese Erscheinungen durch die Möglichkeit der intravasalen Injektion in die Arteria vertebralis gegeben seien oder daß durch die Injektion Vagus oder Sympathicus gelitten hätten.

Unsere Beobachtungen decken sich im großen und ganzen mit denen Siegels. Schwerere Erscheinungen haben auch wir niemals beobachten können.

Fälle von leichtester Novokainintoxikation, deren Symptome Siegel beschreibt, haben wir hie und da gesehen. Eine Tasse schwarzen Kaffees oder eine Coffeininjektion ließ selbst in den schwersten Fällen alle diese Erscheinungen in wenigen Minuten verschwinden.

Da alle diese oben geschilderten Symptome nur in den seltensten Fällen zu beobachten sind, die meisten der Patienten keine wie immer gearteten Krankheits- oder Vergiftungserscheinungen aufweisen, ist daran zu denken, daß — gleichbleibende Technik und Dosierung sowie Anwendung desselben Betäubungsmittels vorausgesetzt — bei solchen Patienten eine gewisse Reaktionsbereitschaft dem betreffenden Betäubungsmittel gegenüber besteht und die Vergiftungserscheinungen hervorruft.

Orth hat nach paravertebraler Injektion vorübergehende Nierenschädigungen beobachtet, was aber von anderen Autoren (Kappis, Siegel, Reinhardt, Morian, Biberstein u. a.) und auch von mir nicht bestätigt werden kann.

Interessant und wichtig ist die Frage, ob es nach paravertebraler Injektion ebenso wie nach der Splanchnicusanästhesie zu einer Blutdrucksenkung kommt. Es ist deshalb wichtig, die nach der Splanchnicusanästhesie beobachteten diesbezüglichen Erscheinungen kurz anzuführen.

Nach Durchschneidung des Splanchnicus fanden Cyon und Ludwig beim Tier eine erhebliche Blutdrucksenkung und erklärten sich dieselbe durch Lähmung der Vasokonstriktoren. Ähnliche Befunde erhoben Schilf und Ziegner. Metge ist der Ansicht, daß die Blutdrucksenkung auf Novokainwirkung beruhe. Er konnte dieselbe bei 78 von 104 Fällen konstatieren. In den Fällen Metges sank der Blutdruck oft unter die Hälfte des normalen Wertes. Jüngst schlug Harke vor, zur Verhinderung dieser Gefäßlähmung gleichzeitig Pituglandol zu injizieren. Im allgemeinen scheint aber die Blutdrucksenkung durch den dem Anästhetikum meist einverleibten Adrenalinzusatz paralysiert zu werden. Wiemann experimentierte am Hund und fand, daß bei intramuskulärer und subcutaner Injektion von Novokain-Suprarenin der Blutdruck unverändert bleibt. Bei intravenöser Injektion einer $2^0/_0$ Novokainlösung sinkt der Blutdruck für wenige Sekunden. Bei Injektion von $2^0/_0$ Novokain-Suprareninlösung steigt er aber sogar. Es wird nach diesem Autor durch das Novokain die Suprareninwirkung verstärkt, und die Injektion einer Novokain-Suprareninlösung führt also nach diesem Autor sogar zur Blutdruckerhöhung.

Wir verwenden für die paravertebrale Injektion die in den Handel kommenden Novokain- oder Tutokaintabletten, denen meist schon Suprarenin zugesetzt ist (s. o.). Da der Gehalt an Suprarenin aber ein minimaler ist, ist es Usus geworden, der Injektion, wenn sie als Operationsbetäubungsmittel verwendet wird, noch eine Lösung von Suprarenin hinzuzufügen. (Lösungen von 1 zu 5 bis 10.000.) Bei der paravertebralen Injektion bleibt dieser Zusatz, wie schon oben bemerkt wurde, meist fort, um die Einverleibung einer größeren Menge eines

Krampfgiftes auszuschalten. Dadurch entfiele aber eine Komponente, welche die Blutdrucksenkung verhindert.

Ich habe nun in einigen Fällen von paravertebraler Injektion den Blutdruck vor und nach der Injektion gemessen. In den meisten Fällen kommt es nun tatsächlich zu einer Blutdrucksenkung. Besonders dann, wenn mehrere Segmente injiziert wurden. Werte der Senkung aber, wie sie Metge für die Splanchnicusanästhesie angibt, habe ich in keinem einzigen Falle finden können. Bei den geringen von uns gefundenen Differenzen kann natürlich der psychische Zustand vor und nach der Injektion auch ausschlaggebend gewesen sein. Auf diesen Punkt komme ich übrigens nochmals im Kapitel über die Angina pectoris zurück.

Eine weitere Komplikation besteht in den Nebenerscheinungen, die den Sympathicus betreffen. Wiemann hat nach paravertebraler Injektion am 3. und 4. Cervicalnerven, die er zwecks Anästhesierung zur Strumaoperation vornahm, Sympathicus- und Vaguslähmungserscheinungen gesehen. Er meint, daß vom Querfortsatz aus das Betäubungsmittel bis zum Sympathicus diffundiert und dort Lähmungserscheinungen setzt, die in Ptosis, Miosis, conjunctivalen Injektionen und vasomotorischen Störungen des Gesichtes bestehen. Da er bei manchen Patienten auch Schluckstörung und Heiserkeit beobachten konnte, vermutete er auch die Möglichkeit einer Vagusläsion, und er konnte auch tatsächlich durch Injektion von Blaulösungen das Vordringen der Flüssigkeit bis zu diesem Gebilde in vivo konstatieren.

Was die Sympathicuslähmungserscheinungen anbelangt, haben auch wir in wenigen Fällen Miosis gesehen. (Siehe Angina pectoris.) Dieses Phänomen verschwand aber rasch. Wir faßten es mehr als Zeichen der wirksamen, gelungenen Injektion denn als eine Komplikation auf. In einem Falle trat nach der Injektion halbseitiges Schwitzen auf. Auch darauf kommen wir im entsprechenden Kapitel noch zurück.

Was die Vermeidung aller dieser Nebenerscheinungen anbelangt, besteht die Prophylaxe in der Vermeidung der Überdosierung und der intravasalen Injektion. Die persönliche Reaktion des Individuums kann natürlich von vornherein nicht bestimmt werden.

Zusammenfassend muß am Ende dieses Kapitels gesagt werden, daß die Gefahren der paravertebralen Injektion sehr gering sind. Wir haben im obigen alle Möglichkeiten unangenehmer Zwischenfälle auseinandergesetzt und berührt, weil diese von jedem, der sich mit dem Verfahren beschäftigt, gekannt sein müssen. Es soll aber durch diese genaue Aufzählung nicht der Schein erweckt werden, als ob diese Komplikationen häufig auftreten würden. Die Hauptgefahr liegt — ich wiederhole kurz — in der Möglichkeit der intravasalen und der intraduralen Injektion, der Pleuraverletzung und der Überdosierung.

Kollapse leichterer und schwerer Natur wurden von Adam, Finsterer, Brütt u. a. beobachtet. Sie beruhten wahrscheinlich auf zu schneller Resorption des Betäubungsmittels, wozu noch die Affinität der Wirbelsäulengegend zu dem Anästhetikum (Muroya) hinzukam. Daher mahnt auch Kulenkampf im allgemeinen: „Weg von der Wirbelsäule!" Diese Mahnung gilt aber meinem Erachten nach nur für den Cervicalabschnitt, denn hier sind tatsächlich die häufigsten Komplikationen beobachtet worden. (Winterstein, König, Hering.) In den tieferen Regionen ist die paravertebrale Injektion ganz ungefährlich.

Schließlich ist auch der Technik der Injektion, die an der Leiche gelernt werden soll, eine gewisse Bedeutung beizumessen. Die Ausführung der Injektion muß aber nicht dem Fachchirurgen vorbehalten bleiben und es ist mir bekannt, daß auch an internen Abteilungen die Methode mit Erfolg geübt wird.

V. Die Anwendungsformen der paravertebralen Injektion

1. Die paravertebrale Injektion als Operationsbetäubung bei Eingriffen in der Bauchhöhle

Die paravertebrale Injektion wurde von Sellheim im Jahre 1905 angedeutet. Er versuchte die Intercostalnerven vom Foramen intervertebrale aus zu unterbrechen, um dadurch das Peritoneum unempfindlich zu machen. Laewen nahm dann 1911 diesen Gedanken wieder auf. Inzwischen war man sich über die Innervation der Bauchhöhlenorgane viel klarer geworden, und es waren auch geeignetere Betäubungsmittel in die praktische Chirurgie eingeführt. Laewen nannte das Verfahren „paravertebrale Anästhesie" und nahm vor den Querfortsätzen die Blockierung der Intercostal- und Lumbalnerven vor. Nach dieser Methode konnten mehrere Bruch- und Nierenoperationen ausgeführt werden. 1912 haben diese Methode dann Finsterer und Kappis weiter ausgebaut und über günstige Erfolge berichtet. Ersterer hat sie 1912 bei acht großen einseitigen Bauchoperationen in Anwendung gebracht, allerdings zweimal Versager verzeichnen müssen. Seither haben dann das Verfahren Jurasz, Holzwarth, Adam, Reinhardt und andere angewendet.

Über die größte Erfahrung mit der in Rede stehenden Anwendungsform der paravertebralen Injektion verfügt wohl ihr eifrigster Verfechter: Siegel. Bis 1914 hatte er 170 Fälle abdomineller und vaginaler Operationen auf paravertebralem Wege anästhesiert. Bis 1916 770 Fälle. Unter 600 Operationen handelte es sich 264mal um Laparotomien. Er verwendete zur Betäubung, ohne Schaden anzurichten, selbst Mengen von 2 bis 3 g Novokain in $^1/_2\%$ Lösung. Bis 1918 verfügte er über 2000 in paravertebraler bzw. parasacraler Anästhesie vorgenommene Operationen. In 96·1% war die Betäubung als vollkommene zu bezeichnen. Bei 3·9% wurde durch geringe Gaben eines allgemeinen Narkotikums die Anästhesie unterstützt. Von irgend welchen Komplikationen wird bei Siegel trotz der gewaltigen Menge des verbrauchten Betäubungsmittels nichts berichtet. Betont muß aber werden, daß Siegel der paravertebralen Anästhesie einen Morphin-Skopolamin-Dämmerschlaf vorausschickt und während derselben alle Sinneseindrücke auf das peinlichste vermeidet.

Ein warmer Anhänger des Verfahrens ist auch Reinhardt, der die paravertebrale Betäubung als Methode der Wahl bezeichnet. Dollinger (Adam) hat eine große Anzahl von ein- und doppelseitigen Operationen in dieser Anästhesie durchgeführt. Unter 64 Laparotomien kam es dreimal zu Versagern und dreimal zu Kollapsen. Adam berichtet weiter, daß unter paravertebraler Anästhesie sechsmal Pylorus- bzw. Magenresektionen ausgeführt werden konnten. Unter 19 Gastroenterostomien waren 17 schmerzlos, unter 10 Explorativlaparotomien 9. Unter 18 Cholecystektomien war die Betäubung 16mal von Erfolg begleitet.

Welcher Art war nun die Technik dieser Betäubungen?

Nach Kappis muß, um die abdominellen Organe auszuschalten, vom sechsten Dorsalsegment bis zum dritten Lumbalsegment beiderseits injiziert werden. Es wären also, um bei einem Patienten in der Bauchhöhle schmerzlos operieren zu können, 18 Injektionen vom Rücken aus notwendig. Schon daraus ersieht man, daß eine derartige Methode, die dem Patienten als Einleitung zu einer Bauchoperation 18 tiefe Injektionen zumutet, in dieser Form nicht Methode der Wahl werden soll und kann. Hiezu kommt noch bei diesen vielen Injektionen die erhöhte Gefahr der Überdosierung.

So ist es kein Wunder, daß selbst Chirurgen, die an dem Ausbau der paravertebralen Injektion großen Anteil haben, dieselbe wieder aufgaben. Vor allem Kappis und auch Finsterer. Hiezu trug auch wesentlich die Einführung der Splanchnicusanästhesie bei. Finsterer schreibt über die Indikation zur paravertebralen Anästhesie, daß für sie „eigentlich nur die wenigen einseitigen Operationen am Dickdarm bleiben", also „die Resektionen des Ileocoecum, Colon ascendens, eventuell gewisse Fälle von Appendicitis..., bei welchen auch die geringste Aetherunterstützung, z. B. wegen florider Lungentuberkulose, unbedingt zu vermeiden ist". Aber auch für diese Fälle kombiniert Finsterer „seit drei Jahren die paravertebrale Anästhesie der Lumbalsegmente mit der rechtsseitigen Splanchnicusanästhesie von rückwärts", da „hiedurch die paravertebrale Injektion an den 10 bis 12 Dorsalnerven erspart würde". Finsterer meint, daß die paravertebrale Anästhesie wegen ihrer relativen Gefährlichkeit nie Methode der Wahl sein würde und steht auf dem Standpunkt, daß sie nach Möglichkeit einzuschränken sei. Um die Zahl der Einstiche einzuschränken, empfiehlt er auch ihre Kombination mit der Splanchnicusanästhesie. Er hält übrigens die paravertebrale Anästhesie für gefährlicher als die anderen Methoden der Leitungsanästhesie. Aus der Tabelle aus seinem Werk über die „Methoden der örtlichen Betäubung bei Bauchoperationen" ergibt sich, daß Finsterer 86 Operationen in paravertebraler Anästhesie ausgeführt hat. Darunter 22 Dickdarmresektionen und 11 Darmausschaltungen. In 10 Fällen war die Betäubung unvollkommen und mußte durch Aethergaben unterstützt werden.

v. d. Hütten konnte sich von der angeblichen Gefährlichkeit der paravertebralen Anästhesie und der ihr verwandten parasacralen Anästhesie auf Grund seiner Erfahrungen an 73 Fällen nicht überzeugen (Novokainverbrauch 1·4 bis 2·25 g). Für Nierenoperationen sei die paravertebrale Anästhesie das Verfahren der Wahl (Injektion in D. 6 bis L. 2). In Hüttens Fällen waren sechsmal Versager zu verzeichnen. Die Versager bei drei Gallenoperationen seien auf Fehler in der Technik zurückzuführen. Die Nachwirkungen nach der Operation sollen sehr mild gewesen sein. Über Kopfschmerzen klagte nur ein Patient am ersten Tag; Erbrechen trat nur einmal bei einer Dickdarmresektion und einmal bei einer Gastroenterostomie infolge Magendilatation auf; dreimal bestand Brechreiz; Husten mit rasch abklingender Bronchitis war bei einer Magenresektion zu verzeichnen, und ein weiterer Patient, dem es ursprünglich ganz gut ging, bekam am neunten Tage eine Pneumonie, der er erlag. Doch „war der postoperative Verlauf ungewöhnlich glatt im Vergleiche zu den Fällen, die in Narkose operiert wurden". Das rasche „Überwinden des Operationsschockes" ist einer der Vorteile der paravertebralen und parasacralen Anästhesie. Da sie auch von schwachen Patienten gut vertragen wird, kann eine Kontraindikation von diesem Autor nicht festgestellt werden. Ihre Nachteile waren, daß dort, wo aus unvorhergesehenen Gründen das Operationsgebiet erweitert werden muß, eine Allgemeinbetäubung infolge Insuffizienz der örtlichen vorgenommen werden muß.

Ich selbst habe die paravertebrale Anästhesie zwecks eines operativen Eingriffes in dieser Form noch niemals ausgeführt. Nicht etwa wegen der ihr angeblich anhaftenden Gefahren (von der ich mich übrigens bei anderen Anwendungsformen nicht überzeugen konnte), sondern weil durch die Splanchnicusanästhesie nach Kappis und Braun eine Methode geschaffen war, welche die Patienten bedeutend weniger belästigt. Diese Methode bringt aber wieder die Gefahr der Blutdrucksenkung mit sich. Besonders die Methode nach Kappis ist auf Grund der mitgeteilten Todesfälle nach diesem Verfahren (Khautz, Eiselsberg, Denk, Heller) zum großen Teil wieder verlassen worden. Jedenfalls aber erachte ich die paravertebrale Anästhesie für Bauchoperationen in Form der 18 Einstichpunkte für einen Patienten, der vor einem großen Eingriff steht, als viel zu qualvoll, als daß das Verfahren empfohlen werden könnte. Der Fortschritt der Methode liegt darin, von wenigen Einstichpunkten aus die Betäubung des Operationsgebietes zu erreichen.

Den ersten Schritt hiezu unternahm Jurasz, der bei Operationen an den Gallenwegen mit je 5 cm^3 einer $1^0/_0$ Lösung eine einseitige Unterbrechung von D 6 bis L 1 vornahm. Auf diese Weise konnten zwei Cholecystektomien und eine Hepaticusdrainage schmerzlos ausgeführt werden. Finsterer hat die paravertebrale Anästhesie bei Gallenblasenoperationen ebenfalls nur einseitig von D 6 bis L 3 vorgenommen. Von 9 Anästhesien waren 5 sehr gut, viermal war die Betäubung unvollständig, so daß Aether zur Unterstützung herangezogen werden mußte.

Später hat Laewen anschließend an eine paravertebrale Injektion, die aus diagnostischen Gründen vorgenommen worden war, eine Operation ausgeführt:

Ein Kranker mit Empyem der steingefüllten Blase (Operationsbefund), der früher richtige Koliken gehabt hatte, kam mit einer starken Druckempfindlichkeit des Leberrandes und einem Gallenblasentumor. Nach der Einspritzung hörte die Druckempfindlichkeit vollkommen auf, auch die Bauchdecken wurden weicher. Die Schmerzlosigkeit auf Druck hielt $1^1/_4$ Stunden an, um dann allmählich zunehmend wiederzukehren. Bei diesem Kranken wurden dann 10 cm^3 $2^0/_0$ Nov. Sup. Lösung an den rechten 10. Dorsalnerven gespritzt, eine Bauchwandanästhesie hergestellt und die Ektomie der Gallenblase vorgenommen. Der Zug an der Leber und das Anspannen des Lig. hepatoduodenale waren empfindlich. Die Operation konnte mit Zugabe eines Chloraethylrausches aber gut durchgeführt werden.

Nachdem Laewen gezeigt hatte, daß man durch Injektion eines Anästhetikums in gewisser Höhe der Wirbelsäule ein ganz bestimmtes Segment der Bauchhöhle von der Schmerzleitung ausschalten kann, hat er diese Tatsache zwecks differentialdiagnostischer Klärung von visceralen Schmerzzuständen in zweifelhaften Fällen angewendet. Seine Erfahrungen wurden in der Folgezeit bestätigt. Besonders eindrucksvoll ist nach Laewen die Wirkung der Injektion im Bereiche des 10. Dorsalsegmentes, durch welche sowohl dauernde wie kolikartige Schmerzen im Bereiche der Gallenblase beseitigt werden.

Bei den sehr zahlreichen aus therapeutischen Gründen vorgenommenen paravertebralen Injektionen (s. sp.) habe ich gefunden, daß die Wirkung auf die Gallenblase im Vergleiche zu den anderen Bauchhöhlenorganen am sichersten eintritt und bin nun darangegangen, diese Tatsache auch zur Operationsbetäubung zu verwerten.

Bisher geschah dies an 6 Fällen, von welchen bei 5 Patienten eine vollkommene Schmerzlosigkeit bis zum Ende der Operation erzielt werden konnte. Bei dem Versager ist die Injektion im vornherein aus technischen Gründen mißglückt. Bevor ich in aller Kürze die Fälle schildere, will ich bemerken, daß ich bei den ersten 4 Fällen weder ein allgemeines Betäubungsmittel zur Anwendung gebracht noch auch — um ein sicheres Bild von dem Wert der Betäubung zu erzielen — von der Injektion eines Alkaloids vor der Operation Gebrauch gemacht habe.

Den Patienten wurde ante operationem paravertebral nur rechts je 10 cm^3 einer $^1/_2{}^0/_0$ Novokain- oder $^1/_4{}^0/_0$ Tutokainlösung in sitzender Stellung in das 10. und 11. Dorsalsegment injiziert. Nach Reinigung und Deckung des Operationsfeldes wurde dann eine schichtweise Anästhesierung der Bauchdecken mit einer Menge von 50 bis 60 cm^3 einer $^1/_2{}^0/_0$ Novokain- oder $^1/_4{}^0/_0$ Tutokainlösung vorgenommen. In unseren 6 Fällen handelte es sich dreimal um geschrumpfte Steinblasen mit ausgedehnten Adhäsionen, welche schmerzlos gelöst werden konnten. In zwei Fällen von akuter Cholecystitis war die Operation noch einfacher. Bei einem Patienten mit Ca. der Papilla Vateri wurde eine Choledochusdrainage vorgenommen. Auch der Zug am Gallenblasenhals wurde ohne weiteres ertragen, ebenso die Präparation an den großen Gallenwegen. Die Patienten waren mit der Betäubung sehr zufrieden.

Das Verfahren kommt natürlich nur dort in Betracht, wo eine sichere Diagnose bereits ante operationem gestellt werden konnte. Die Operation eines allfällig gleichzeitig bestehenden Ulcus duodeni oder einer Appendicitis ist schmerzlos natürlich nicht möglich.

Dieses Verfahren wird vielleicht von den Chirurgen der Splanchnicusanästhesie vorgezogen werden, welche letztere als gefährlich erachten. Die Gefahr liegt vor allem in der schwierigen Technik der Injektion, bei welcher die Injektionsnadel in der Höhe der 12. Rippe, 7 cm von der Wirbelsäule entfernt, in einer gewissen Tiefe in den Splanchnicusbereich geführt wird und bei technischen Fehlern oder Anomalien große Gefäße, Nebenniere usw. verletzen kann. Es besteht auch die Gefahr, bei zu starker Neigung der Nadel eine „seitliche Lumbalanästhesie" (Finsterer) auszuführen. Am Chirurgenkongreß 1920 äußerte sich Kappis selbst, daß ein weiteres Gefahrenmoment dieser Betäubung darin liegt, daß Reizung oder Lähmung des Nervus splanchnicus, welcher der Hauptgefäßnerv des großen Gefäßgebietes der Bauchhöhle ist, unangenehme Einflüsse auf Herz und Zentralnervensystem ausüben könne. Diese Momente treffen übrigens auch für die Splanchnicusanästhesie nach Braun zu. Tatsächlich wurde über Todesfälle nach der Kappisschen Anästhesie berichtet, welche teilweise durch akute Blutdrucksenkung erklärt wurden. (s. o.)

Wie ich übrigens höre, hat jüngst Tietze bei einer Chirurgentagung über gute Resultate mit dieser Methode berichtet.

Aus dem Bericht der Tagung der Deutschen Gesellschaft für Urologie geht hervor, daß sich v. Illyes desselben Verfahrens analog der Innervation der Nieren bedient hat und eine auf gewisse Segmente beschränkte paravertebrale Anästhesie anläßlich von Nieren- und Ureteroperationen ausführt. „Nieren- und Ureteroperationen werden in paravertebraler Anästhesie ausgeführt, indem die am unteren Rand der 8. bis 10. Rippe verlaufenden Intercostalnerven unempfindlich gemacht werden und dann die paravertebrale Injektion fortgesetzt wird." Durch örtliche Betäubung der Muskelschicht wird das Inguinalgeflecht ausgeschaltet. Auch die 11. Rippe muß unempfindlich gemacht werden. Bei der Operation habe der Patient nur bei Abschieben des Peritoneums und Abklemmen des Nierenstieles eine Schmerzempfindung, doch sei dieselbe bei zarter Behandlung ziemlich unbedeutend.

Zum Schluß des Kapitels kann resumierend über die Anwendung der paravertebralen Injektion zwecks Anästhesie bei Bauchoperationen gesagt werden, daß sie in ihrer ursprünglichen Form (Injektion bilateral von der Wirbelsäule von D 6 bis L 3) wegen der Unannehmlichkeit für den Patienten und der Gefahr der Überdosierung nicht angewendet werden sollte und auch tatsächlich heutzutage viel seltener angewendet wird. Sie ist übrigens auch von der Kappisschen und Braunschen Splanchnicusanästhesie vollkommen verdrängt worden. Ihre Zukunft liegt in der Ausschaltung ganz bestimmter Segmente (Jurasz, Mandl, Illyes). In dieser Form tritt sie wegen der geringeren Blutdrucksenkung und wegen des geringeren Anästhesieverbrauches in wirksame Konkurrenz mit der Splanchnicusanästhesie. Sie ist auch jedenfalls gefahrloser als diese.

2. Die parasacrale Anästhesie

Im Laufe der Schilderung der paravertebralen Injektion soll auch ganz kurz von der sogenannten parasacralen Anästhesie die Rede sein (Braun), da dieselbe eigentlich eine auf das Kreuzbein übertragene paravertebrale Anästhesie darstellt. Die Methode hat auch in den vorhergehenden Zeilen schon kurz Erwähnung gefunden. Sie wird hauptsächlich bei Operationen der hohen Rectumabschnitte angewendet (Finsterer, Staffel). Die Technik unterscheidet sich wesentlich von der bei der paravertebralen Anästhesie geübten und gestaltet sich nach Finsterer folgendermaßen:

„In Steinschnitt- oder linker Seitenlage wird lateral vom Steißbein—Kreuzbeingelenk eine 10—15 cm lange Nadel eingestochen, an der vorderen Fläche des Kreuzbeines vorgeschoben, bis man in der Höhe des zweiten Sacralloches auf knöchernen Widerstand stößt. Um die Nadel bis zum ersten Sacralloch hinaufzubringen, muß man die Nadel etwas zurückziehen, dann das äußere Ende dorsalwärts drehen, damit die Spitze der Nadel ventralwärts gerichtet ist, dann kann man dieselbe wieder vorschieben, bis sie an der oberen Umrandung des ersten Sacralloches anstößt. Nun wird hier, nachdem man sich überzeugt hat, daß die Nadel nicht in einer Vene liegt, 10 cm^3 Novokainlösung injiziert. Hierauf wird die Nadel etwas zurückgezogen, in der Höhe des zweiten Sacralloches werden neuerdings 10 cm^3 injiziert, ebenso entsprechend dem dritten und vierten Sacralloch. Um eine intravenöse Injektion zu vermeiden, soll man niemals bei ruhender Nadel injizieren. Der gleiche Vorgang wiederholt sich an der anderen Seite, so daß schließlich die ganze Kreuzbeinhöhle mit 80 cm^3 $^1/_2{}^0/_0$ Novokainlösung ausgefüllt ist.

Finsterer schaltet auch noch den Plexus coccygeus dadurch aus, daß er die vordere und hintere Fläche des Steißbeines mit Novokain umspritzt.

Staffel hat 51 Mastdarmkrebsoperationen in parasacraler Anästhesie ausgeführt und nur zwei Versager und drei unvollständige Betäubungen zu verzeichnen. Finsterer hat, um den Schmerz auszuschalten, der sich beim Zug am Mesosigma nach Eröffnung des Peritoneums einzustellen pflegt, noch eine paravertebrale Injektion in Höhe des 5. Lendenwirbels der parasacralen Anästhesie hinzugefügt. Von 31 auf diese Weise nach der sacralen Methode operierten Patienten konnte die Operation bei 25 Fällen vollkommen schmerzlos durchgeführt werden, fünfmal mußte Aether zur Unterstützung herangezogen werden. Von diesen Fällen geschah dies einmal aus dem Grund, weil die Anästhesie, welche durch $2^1/_2$ Stunden ganz ausgezeichnet war, bei der Douglasnaht scheinbar nicht mehr suffizient war. Nur einmal handelte es sich um einen vollständigen Versager. Bei der kombinierten Mastdarmkrebsoperation auf abdominosacralem Wege macht Finsterer die paravertebrale Leitungsanästhesie von D 12 bis L 5 und kombiniert sie mit der parasacralen Methode.

Soviel genügt wohl, um den Wert des Verfahrens zu illustrieren.

3. Die paravertebrale Injektion zur örtlichen Betäubung bei Strumaoperationen

Haertel empfahl für die Operation des Kropfes die Leitungsanästhesie des Plexus cervicalis von je zwei Einstichpunkten aus, die über dem 3. und 4. Halswirbelquerfortsatz liegen. Es wurde außerdem noch nachträglich das Operationsfeld subcutan und subfascial mit Novokain umspritzt. Hiezu wurden 20 cm^3 einer 1% Lösung für die Injektion an den Querfortsätzen und 40 bis 60 cm^3 $^1/_2$% Lösung für die örtliche Betäubung als solche verwendet.

Geiger, der die Methode ausgebaut hat und sich warm für dieselbe einsetzt, injiziert 5 cm^3 1% Lösung am Querfortsatz und weitere 5 cm^3 beim Vordringen gegen den Processus transversus. Der Vorteil dieser Leitungsanästhesie gegenüber der rein lokalen Infiltration soll darin liegen, daß Haematome im Operationsgebiet vermieden werden und außerdem nur zwei Einstichpunkte hier in Betracht kommen. Dieser Umstand wirke psychisch günstig und es verschwinde auch dadurch die Infektionsgefahr, die bei Verzicht der Jodtinkturreinigung des Operationsfeldes bei manchen Strumen leicht eintreten könne. (Wir reinigen das Operationsfeld in solchen Fällen mit Tanninalkohol!) Auch sei die Menge der zu injizierenden Flüssigkeit bei diesem Vorgehen geringer und der mechanische Druck auf die Trachea entfalle auf diese Weise. Von der Gefährlichkeit des Verfahrens ist weiter nicht die Rede.

Kulenkampf hat die Methode über 100mal angewendet und keine üblen Zufälle gesehen. Er injiziert je 50 cm^3 $^1/_2$% Novokainlösung vom 3. und 4. Querfortsatz der Halswirbelsäule aus. Die Lösung diffundiert bis in die Gegend des Bogens der Art. thyreoidea sup. Kulenkampf bemerkt aber weiter, daß man „fast ausnahmslos feststellen kann“, daß es zur „Sympathicuslähmung und weiters zur doppelseitigen Phrenicusparese oder -paralyse“ kommt. Sowohl Sympathicuslähmung als Zwerchfellähmung werden als „bedeutungslos“ bezeichnet. Daß dem aber nicht so ist, beweisen die in der Literatur veröffentlichten Fälle schwerster Komplikationen, ja Todesfälle nach paravertebraler Operationsanästhesie, welche mit wenigen Ausnahmen meist die paravertebrale Injektion an der Halswirbelsäule betreffen (s. o.). Einige der mitgeteilten Fälle möchte ich im folgenden kurz schildern:

Brütt berichtet über einen Todesfall bei Operation wegen Strumarecidiv, bei dem die Haertelsche Methode angewendet wurde. Im ganzen wurden 140 cm^3 $^1/_2$% N.-Lösung injiziert. Der Obduktionsbefund deckte die Todesursache nicht auf.

Wiemann schildert ebenfalls einen Todesfall nach paravertebraler Anästhesie wegen Kropfoperation. An die Querfortsätze wurden je 7 cm^3 $1^0/_0$ Lösung, für den Hautschnitt 20 cm^3 $^1/_2{}^0/_0$ N.-Lösung subcutan injiziert. Bald nach Beginn der Operation starb der Patient scheinbar an Herzschwäche. Die Obduktion förderte außer einem geringgradigen Status thymicolymphaticus zu beiden Seiten des Halses je ein Haematom zu Tage, von welchem rechterseits eine Beziehung zu den Halsnerven nicht zu konstatieren war, während links der Nervus vagus im Bereiche des Haematoms lag. Die Injektion war mit den größten Vorsichtsmaßnahmen in Betreff einer intravasalen Injektion ausgeführt worden, und Wiemann führt den Exitus auf Vagusreizung im Anschluß an das durch die Injektion gesetzte Haematom zurück. Ein weiterer Fall von Wiemann, bei dem es im Anschluß an dieses Verfahren zu Herzstörungen gekommen war, erholte sich nach einer halben Stunde.

Schnug berichtet jüngst über drei Fälle, bei denen es im Anschluß an diese Betäubungsmethode ebenfalls anläßlich von Kropfoperationen zu völliger Bewußtlosigkeit kam. Gleichzeitig bestand Schweißausbruch und oberflächliche Atmung. In einem Falle mußte künstliche Atmung eingeleitet werden, doch hielt der bedrohliche Zustand durch 20 Stunden an.

Nach Hering traten nach paravertebraler Anästhesie bei Strumaoperation Gesichtszuckungen auf. Bei einer anderen Kropfoperation kam es nach paravertebraler Anästhesie zu schwerem Kollaps, und der Patient konnte sich erst nach Stunden erholen. Hering bemerkt, daß technische Fehler diesen Komplikationen nicht zugrunde liegen können, und nach seiner Ansicht kam es zu diesen unangenehmen Zwischenfällen durch die Leitungsunterbrechung der aus dem Rückenmark austretenden Halsnerven.

Auf Grund dieser und der schon früher erwähnten Fälle sind wir an der Klinik Hochenegg prinzipielle Gegner der paravertebralen Anästhesie bei Strumaoperationen geworden, zumal wir sowohl bei Recidivals auch bei substernal gelegenen Kröpfen stets mit einer rein örtlichen Betäubung der verschiedenen Schichten des Operationsfeldes auskamen. Es scheint bei diesen gehäuften Beobachtungen von Komplikationen der paravertebralen Anästhesie in der Halsregion die Gefahr nicht so sehr in der Möglichkeit der intravasalen Injektion in die Halsgefäße gelegen zu sein, als vielmehr von der Nähe der vegetativen Centren, die jeweils in Mitleidenschaft gezogen werden können, herzurühren. Sympathicuslähmungs- und Vagusausfallserscheinungen sind sicher Komplikationen, die hoch gewertet werden müssen. Da über die Funktion nach Reizung und Lähmung dieser Gebilde noch viel zu wenig bekannt ist, stehen wir derartigen Eingriffen anläßlich einer Operationsbetäubungsmethode sehr reserviert gegenüber.

4. Die paravertebrale Anästhesie bei anderen Operationen

Da wir hinsichtlich der paravertebralen Anästhesie anläßlich anderer Operationen keine Erfahrung haben, verweise ich diesbezüglich auf Laewens letzte Arbeit.

Derselbe macht von der paravertebralen Injektion als Operationsbetäubung wieder ausgedehnteren Gebrauch, nachdem er sie eine Zeitlang verlassen hatte.

Die Veranlassung hiezu war interessanterweise folgende: „Nach Bauchoperationen, namentlich auch nach in örtlicher Betäubung ausgeführten Hernienoperationen vermehrten sich in recht störender Weise die postoperativen Bronchitiden und Pneunomien. Wenn nun auch für Hernienoperationen die von Braun angegebene Methode der örtlichen Betäubung vollkommen alle Anforderungen in Bezug auf Herstellung eines schmerzlosen Operationsgebietes erfüllt, so machte ich mir doch die Vorstellung, daß bei der Operation vielleicht eine mechanische Irritation der oberhalb der Leitungsunterbrechungsstelle befindlichen Nervenabschnitte denkbar sei, die zwar nicht zu einer Schmerzerzeugung ausreichte, aber doch vielleicht genügte, auf reflektorischem Wege über die Intercostalnerven eine auch von Eden vermutete exsudative Bereitschaft der Lunge zur Entstehung einer Pneumonie zu erzeugen.“ Schon seinerzeit hatte Laewen nach Bekanntwerden der guten Erfahrungen Sellheims mit der paravertebralen Anästhesie bei gynäkologischen Operationen Hernien derart operiert, daß er D12, L1 bis L3 der betreffenden Seite ausschaltete. Derzeit schaltet Laewen bei Leisten- und Schenkelbrüchen D 11 bis L 4 der betreffenden Seite mit 10 bis 15 cm^3 Tutokain mit Suprarenin aus. Da sich aber an der Innervation des Leistenkanales auch Fasern aus Lumbalis 5 oder Sacralis 1 beteiligen, diese Nerven paravertebral aber nicht zu treffen sind, empfiehlt Laewen von einem auf dem äußeren Leistenring gelegenen Punkte aus, 10 bis 15 cm^3 der Tutokainlösung unter das vordere Dach des Leistenkanales der ganzen Länge nach einzuspritzen.

Mit dieser Methode wurden 32 Hernien bzw. Varicocelen operiert. Einmal mußte Narkose, zweimal Umspritzung hinzugefügt werden.

Nach Laewen ist in diesen Fällen die Kapillarblutung stärker als bei den in Narkose vorgenommenen Operationen.

Für Operationen, die gleichzeitig vom Damm und vom Bauche aus operiert werden müssen (kombinierte Rectumexstirpation), kombiniert Laewen (ähnlich dem Finstererschen Vorgehen) paravertebrale und sacrale Anästhesie.

5. Die differentialdiagnostische Bedeutung der paravertebralen Injektion bei abdominellen Erkrankungen

Es ist eigentlich ein ziemlich naheliegender Gedanke, sich des Schmerzes, dieses wichtigsten diagnostischen Symptomes einer Bauchererkrankung, nicht nur nach der positiven Seite hin zum Erkennen einer Krankheit zu bedienen. Der differentialdiagnostischen Anwendung der paravertebralen Injektion liegt der Gedanke zugrunde, daß die Schmerzen der einzelnen Bauchorgane in ganz bestimmten Segmenten verlaufen, und daß die Ausschaltung dieses ganz bestimmten, im jeweiligen Falle schmerzleitenden Segmentes den Reflexbogen unterbricht und so der Schmerz schwindet. Dies trifft aber natürlich nur dann zu, wenn in dem bestimmten Falle das ausgeschaltete Segment wirklich das schmerzleitende war. War das aber nicht der Fall, dann besteht der Schmerz weiter.

Nun sind aber die einzelnen Dermatome von den anderen großenteils überlagert, was natürlich die Voraussetzungen für das Gelingen der Injektion wesentlich trübt. Die Praxis hat aber gezeigt, daß das nur in geringem Maße zutrifft. Wir sind also in der Lage, den Schmerz, der bekanntlich vom Kranken in ein bestimmtes Organ nicht sicher lokalisiert werden kann, mittels der Ausschaltung durch die paravertebrale Injektion viel feiner örtlich zu bestimmen, als es das Gefühl des Kranken oder die bisherige Palpation durch den Arzt vermochte. Das ist die Grundlage der Laewenschen Methode der Differentialdiagnose mittels der paravertebralen Injektion.

Es muß darauf hingewiesen werden, daß auch Kulenkampf mit der Splanchnicusanästhesie differentialdiagnostische Möglichkeiten erwogen hat. Diese waren aber — abgesehen davon, daß die Splanchnicusanästhesie als differentialdiagnostisches Mittel zu gefährlich ist—insuffizient, weil die verschiedensten Bauchorgane vom N. splanchnicus versorgt werden. Es wäre also mit dieser Methode eine feinere Bestimmung der einzelnen Erkrankungen der Bauchhöhlenorgane nicht möglich gewesen. Die Splanchnicusanästhesie käme hingegen bei der Differentialdiagnose zwischen Erkrankungen des Thorax und des Bauches (beginnende Pneumonie) oder abdominellen Erkrankungen einerseits und Wirbelsäulenaffektionen anderseits etc. in Betracht. Auch bei der Splanchnicusanästhesie ist ebenso wie nach der paravertebralen Injektion nach Erschlaffung der Bauchdecken eine viel deutlichere Palpation der veränderten Bauchdecken möglich (Kulenkampf). Hiebei wird ganz besonders an Incarcerationen und Strangulationen gedacht. Ich würde in diesen Fällen eine leichte allgemeine Betäubung der Splanchnicusanästhesie vorziehen, wenn man sich schon durchaus darauf versteift, bei einem als dringlich operativ erkannten Falle die Sicherheit der Diagnose und des Palpationsbefundes mit einer für den Patienten eingreifenderen Methode zu erkaufen.

Laewen hat also gezeigt, daß die Ausschaltung ganz bestimmter Schmerzsegmente durch die paravertebrale Injektion den Schluß auf die Bestimmung des krankhaften Organes zuläßt. Darüber will ich noch später an Hand von Krankengeschichten genauer berichten.

Gegen die Wirkung des Verfahrens als spezifisches Blockademittel lassen sich einige Einwände erheben, die Laewen gleich in seiner ersten Arbeit über diesen Gegenstand entkräftet hat. Vor allem: ist die Wirkung der paravertebralen Injektion eines Anästhetikums als örtliche oder allgemeine aufzufassen? Laewen meint, daß es für den Menschen zweifellos eine Grenzdosis Novokain gebe, die nicht überschritten werden darf, falls man nicht eine allgemein resorptive Wirkung des Betäubungsmittels erhalten will. So wurde schon den seinerzeitigen Untersuchungsergebnissen von Lennander seitens Kast und Melzer auf Grund von Tierexperimenten entgegengehalten, daß die großen Novokainmengen allgemeine Empfindungslosigkeit hervorrufen. Auch Fröhlich und H. H. Meyer zweifelten an der Gültigkeit der Lehmannschen Hundeversuche auf Grund der gleichen Bedenken. Hiezu kommt noch, daß so manche Chirurgen nach Einverleibung größerer Novokainmengen bei den Patienten schlafähnliche Zustände beobachten konnten. Ich habe diesen Mitteilungen seit jeher das größte Augenmerk geschenkt und habe allgemeine Ermüdungszustände bis schlafähnliche Zustände selbst nach Dosen von 80 bis 100 cm^3 Novokain-Adrenalin in $^1/_2$% Lösung beobachten können. Es ist zweifellos, daß diesbezüglich hochgradige individuelle Unterschiede obwalten können. Nun werden aber zur paravertebralen Injektion Novokainmengen verwendet, bei welchen — selbst eine intensivere Resorption von der Wirbelsäulengegend vorausgesetzt — eine Allgemeinwirkung nicht zustande kommen kann. Wir verwenden zur paravertebralen Injektion pro Segment ca. 10 cm^3 einer $^1/_2$% Novokain- oder $^1/_4$% Tutokainlösung mit oder ohne Zusatz von Adrenalin (s. o.). Laewen injizierte ursprünglich einige cm^3 einer 2% Lösung.

Laewen hat dann auch noch versucht, die Empfindlichkeit einer druckschmerzhaften Gallenblase durch intramuskuläre Einverleibung von 20 cm^3 einer 2% Lösung zu beheben. Die Injektion war ohne Wirkung. Hingegen schwand der Schmerz nach Injektion von 7 cm^3 einer 2% Lösung auf paravertebralem Wege augenblicklich.

Es wäre weiters hervorzuheben, daß eine allgemein resorptive Wirkung des Novokains bei dem schlagartigen Verschwinden der Schmerzen nach paravertebraler Injektion in das richtig bestimmte Segment wohl ausgeschlossen werden kann. Hiebei macht aber Laewen darauf aufmerksam, daß „nebenbei Resorptionswirkungen auf Kolikschmerzen bei spastischen Zuständen des Darmes oder der Gallenblase möglich sind". Nach meinen vielfachen Versuchen mit den verschiedensten Anwendungsformen des Novokains möchte ich mich dieser Auffassung voll und ganz anschließen und sie sogar von der glatten Muskulatur des Magendarmkanals auch auf die quergestreifte Muskulatur übertragen. Jedenfalls sprechen therapeutische Erfolge, die mittels hoher Novokaindosen bei epiduraler Einverleibung beim Tetanus wiederholt erzielt werden konnten, für diese Auffassung.

Nach meinen Erfahrungen spricht weiter gegen die resorptive Wirkung des Betäubungsmittels bei der paravertebralen Injektion die Tatsache, daß bei einigen Fällen von schmerzhaften Zuständen im Bereiche des Herzens und in einem Falle von Magenkrebs, wo mehrere paravertebrale Injektionen ausgeführt werden sollten, entsprechend der Injektionshöhe durch den Patienten ganz spontan festgestellt werden konnte, daß, jeweils nach der Injektion in einem ganz bestimmten Segment, die Schmerzen auch in einer ganz bestimmten Partie des Schmerzbereiches zum Verschwinden gebracht wurden.

Ein weiterer gegen die Wirksamkeit der paravertebralen Injektion vorgebrachte Vorwand ist nach Laewen der, daß beim Menschen die

Überlagerung der einzelnen Dermatome inkonstant ist und dementsprechend mit einer nicht ganz konstanten Innervation des parietalen Bauchfelles, sowie der Mesenterialwurzel, der Leberpforte und der übrigen schmerzempfindlichen Teile der Bauchhöhle zu rechnen sei. Nun sprechen aber die vielen Versuche und praktischen Erfahrungen von Laewen, Kappis und Gerlach, Brunn und Mandl u. a. gegen diese theoretischen Bedenken.

Die paravertebrale Injektion hat in den verschiedensten Beziehungen zu neuen Anschauungen geführt. Um ein Beispiel aus der Embryologie anzuführen, entwickeln sich z. B. Leber- und Gallenblase embryologisch aus der ventralen Wand des Peritoneums. Es wäre daher eine doppelseitige Innervation zu erwarten. Dagegen sprach aber bereits die geglückte einseitige Ausschaltung der Gallenblasenleitung anläßlich der Cholecystektomie nach Jurasz. Die Laewenschen Versuche haben nun einwandfrei erwiesen, daß die Gallenblase wirklich nur von einer Seite innerviert wird. Aber auch der Pylorus und das Duodenum werden visceral nur von der rechten Seite her innerviert. Diese Tatsache, die durch die Ergebnisse der paravertebralen Injektion von Laewen, Kappis, Gerlach u. a. festgestellt ist, muß, ohne daß man dafür eine sichere Erklärung geben könnte, hingenommen werden. Nach Kappis begleiten von beiden Seiten her gleich viele Nerven, sowohl vom Vagus wie vom Splanchnicus, die Arteria coeliaca, und da sollte man eigentlich erwarten, daß die ursprünglich median angelegten Organe ihre Nervenversorgung in gleicher Weise von beiden Seiten beziehen. Dies scheint nicht der Fall zu sein. „Ob nun in die Leber die rechte Seite Nerven mit anderer Aufgabe schickt als die linke oder ob die Nerven aus einem entsprechenden Segmente der linken Seite nicht in die Leber, sondern in andere Gebiete gehen, oder was sonst der Grund ist, dafür fehlen alle Anhaltspunkte.“ „Wir können daher die besprochenen Tatsachen nur feststellen, nicht erklären.“ (Kappis.)

Schon Laewen, Kappis und Gerlach haben hervorgehoben, daß die erfolgreiche paravertebrale Injektion nicht nur Dauer- und Druckschmerz und Koliken beseitigt, sondern sie unterbricht auch den Reflexbogen für die visceral reflektorische Bauchdeckenspannung und beseitigt dieselbe. Dadurch ergeben sich vielfach erst positive Tastbefunde, oder vorher mangelhafte Tastbefunde werden deutlicher. „Die parietal reflektorische Spannung durch Wandperitonitis wird nur dann beseitigt, wenn die entsprechenden Segmente anästhesiert werden. Aber auch ohne deren Anästhesierung läßt bei Wandperitonitis die Spannung meist etwas nach, weil im allgemeinen ein Teil der Spannung visceral reflektorisch bedingt ist.“ (Kappis.)

Das Verschwinden der Bauchdeckenspannung — dieses wichtigsten Symptoms der Peritonitis — setzt ganz bestimmte Forderungen für die Indikationsstellung voraus, auf die ich später noch zu sprechen komme.

Es ist sehr eigenartig, daß die Wirkung der Injektion aber augenblicklich eintritt. Wenige Sekunden nach der paravertebralen Injektion sind Kolikschmerzen, Druckschmerz und Bauchdeckenspannung verschwunden. Eine Erklärung für diese Tatsache ist natürlich nur hypothetisch. Nach Laewen spricht die schlagartig auftretende Wirkung dafür, daß es sich um eine örtliche Nervenwirkung handeln muß. Bei den gewöhnlichen Leitungsunterbrechungen sieht man aber eine so unmittelbare Wirkung niemals; nicht einmal bei intraneuraler Injektion. Laewen meint nun, daß zur Beseitigung der Übererregung eines Nerven die bloße Berührung mit einem Betäubungsmittel genüge, und die Konzentration desselben müsse zu diesem Zweck nicht einmal eine so hohe sein, wie zur Leitungsanästhesie eines gesunden Nerven. Wiedhopf ist der Ansicht, daß sympathische Nerven viel elektiver auf ein Anästhetikum reagieren, als motorische oder sensible spinale Fasern. Ursprünglich dachte man, daß besonders sensible Nerven besonders leicht auf Kokainpräparate ansprechen. Außer den sensiblen Nerven werden aber auch durch jede örtliche Betäubung die in jedem gemischten Nerven verlaufenden Gefäßnerven regelmäßig ausgeschaltet. Wiedhopf hat nun gezeigt, daß die Wirkung auf die Gefäßnerven schon zu einer Zeit auftritt, wo die sensiblen Nerven noch leitungsfähig sind, und hat weiters gefunden, daß alle Arten von sympathischen Nervenfasern gegen Novokain empfindlicher sind als die spinalen Nerven.

Die Hauptwirkung der paravertebralen Injektion spielt sich an den Nervenelementen ab, die in der Nähe des Foramen intervertebrale gelegen sind. Das sind also vor allem die Rami communicantes, dann die Spinalganglien und die ventralen Wurzeln. Am plausibelsten erscheint es, daß die Schmerzleitung durch Ausschaltung der Rami communicantes unterbrochen wird.

Nach diesen allgemeinen Bemerkungen kommen wir auf die spezielle Differentialdiagnose der Baucherkrankungen mittels der paravertebralen Injektion zu sprechen.

Praktisch kommen differentialdiagnostisch in Betracht:

Magen-Gallenblasenerkrankungen
Duodenum-Gallenblasenerkrankungen
Magen-Duodenalerkrankungen
Magen-Pankreasleiden
Nieren-Appendixschmerzen
Gallenblasen-Nierenkoliken
Appendix- und Erkrankungen des weiblichen Genitale.

Gleich an dieser Stelle sei bemerkt, daß durch die paravertebrale Injektion in die betreffenden Segmente die Differentialdiagnose der Leiden, bei welchen Gallenblasen- oder Nierenerkrankungen in Betracht kommen, mit großer Sicherheit, Magenerkrankungen weniger sicher und Schmerzen des Wurmfortsatzes am wenigsten sicher gestellt werden kann. Man kann sagen, daß Gallenblasen- und Nierenschmerzen also direkt die Standardlokalisationen für die aussichtsreiche Anwendung der paravertebralen Injektion darstellen.

Im großen und ganzen stimmen mit dieser Ansicht auch die Mitteilungen Laewens, Gubergritz und Istschenkos überein.

Die Gallenblase wird ausgeschaltet (siehe Abb. 4) durch paravertebrale Injektion in D 9 oder D 10 rechts (D 9, d. i. der 10. Thoracalnerv, siehe Anatomie).

Der Magen wird ausgeschaltet bei	D 6	bis D 8 beidseitig
Der Pylorus	D 7	rechts
Duodenum	D 7	rechts
Niere	D 12	und L 1 einseitig (ev. auch L 2)
Appendix	D 12	bis L 3 einseitig u. doppelseitig.

Ein Blick auf diese Tabelle zeigt deutlich, daß eine differentialdiagnostische paravertebrale Injektion in Segmenten, deren Leitung ziemlich weit auseinanderliegt (z. B. zwischen Gallenblase und Magen, Gallenblase und Duodenum, Gallenblase und Niere), gut möglich ist. Es ist weiter gut zu ersehen, daß eine Differentialdiagnose mittels paravertebraler Injektion zwischen Nieren- und Appendixschmerzen wegen der fast gleichlaufenden Nervenverteilung und Schmerzleitung nicht erwartet werden kann (Niere: D 12 bis L 1; Appendix D 12 bis L 3). In diesen Fällen könnte man höchstens aus bestimmten Begleitumständen auf eine der betreffenden Affektionen schließen.

Als Beispiel: Bei unbestimmten Schmerzen im rechten Unterbauch kommt eine Differentialdiagnose zwischen Nierenerkrankung und Wurmfortsatzaffektion in Betracht. Paravertebrale Injektion in D 12 bis L 1 bringt den Schmerz nicht zum Verschwinden, Nierenschmerzen können, aber wie die Erfahrung lehrt, durch die paravertebrale Injektion dieser Segmente mit fast unfehlbarer Sicherheit beseitigt werden. In unserem Falle verschwinden die Schmerzen aber erst auf weitere, eventuell erst auf bilaterale Injektionen. Es läßt sich daher annehmen, daß der Wurmfortsatz die Ursachen der Schmerzzustände darstellt.

Ein anderes Beispiel: Bei einem kachektischen und hochgradig ikterischen Individuun schwankt die Differentialdiagnose zwischen einem Tumor der Gallenblase oder des Pankreaskopfes. Die bei Gallenblasenschmerzen mit größter Sicherheit wirkende Injektion bei D 9 und eventuell auch D 10 bringt die Schmerzen nicht zum Verschwinden. Es gehen daher die Schmerzen keinesfalls von der Gallenblase aus.

Ich will nun vor allem einige Literaturberichte über die Erfahrungen der aus differentialdiagnostischen Gründen vorgenommenen paravertebralen Injektionen, nach den einzelnen Organen gesondert, mitteilen. Vorausgeschickt sei eine kurze Erörterung der nervösen Versorgung.

a) Gallenblasenerkrankungen

Nach Head erhält die Gallenblase ihre Nervenversorgung vom 8. und 9. Rückenmarksegment durch die Plexus splanchnici und coeliaci.

Von diesen Geflechten aus ziehen die Fasern zu dem die Arteria hepatica und die Gallenblasenausführungsgänge umspinnenden Plexus hepaticus und von da mit den Gefäßen in die Gallenblasenwand. Ein Teil der Fasern entstammt auch dem Vagus. Der von den Gallenkoliken ausgehende Schmerz wird in der Gegend der Gallenblase, der rechten vorderen Bauchwand, der rechten Lumbalgegend, zuweilen im Bereich einzelner unterer Dornfortsätze, zwischen den Schulterblättern und in der rechten Schultergegend (Oberarmschmerz, Epaulettenschmerz), selten auch in der linken Schulter, ausstrahlend in den linken Arm, empfunden. Der Schulterschmerz soll vom Ramus phrenico-abdominalis des N. phrenicus nach oben geleitet werden. Da der Phrenicus seine stärkste Wurzel aus dem 4. Cervicalsegment bezieht, sollen im Sinne Heads durch Überempfindlichkeit dieses Segmentes Schmerzen in das Endgebiet der aus ihm entspringenden sensiblen Nerven projiziert werden.

Laewen hat bis 1922 90 Fälle, bis 1923 150 Fälle von abdominellen Erkrankungen durch die paravertebrale Injektion differentialdiagnostisch zu klären versucht. Die besten Erfahrungen wurden bei der Beschickung der Gallenblasensegmente (Injektion des 10. Thoracalnerven bei D 9 oder D 9 und D 10) gemacht. Die erste Injektion, die Laewen auf Anregung Bergmanns im Jahre 1920 ausgeführt hat, brachte bei 2 Fällen von Gallensteinkolik die Schmerzen sofort zum Verschwinden. In der Folgezeit konnten auch Gallenkoliken durch die Injektion prompt beseitigt werden.

„Ein Kranker gab im Augenblick der erfolgten Einspritzung an, er hätte das Gefühl, als ob in die Gallenblase selbst eingespritzt würde. Die Schmerzen hörten sofort für mehrere Stunden auf, kehrten dann wieder, aber nicht so hochgradig wie vorher.“

„Eine junge Frau bekamen wir mit schwerer Gallenkolik in die Klinik. Dabei bestand Druckempfindlichkeit des ganzen Bauches und rechts Bauchdeckenspannung. Noch bei der Injektion (7 cm³ 2⁰/₀ N. S. L.) hörten schlagartig die Kolikschmerzen auf und kehrten bis zu der 24 Stunden später vorgenommenen Operation nicht wieder. Die Druckempfindlichkeit des Bauches blieb bestehen. In der Gallenblase fanden sich 15 kleine Steine. Es bestanden keinerlei Adhäsionen.“

„Ein dritter Kranker (seit Tagen meist nachmittags heftige Gallenkoliken mit Schulterschmerz rechts, fühlbarem, äußerst druckempfindlichem Tumor der Gallenblase, Ikterus, Fieber) bekommt in der Klinik eine schwere Kolik mit Schulterschmerz rechts. Das Abzählen der Wirbeldorne machte wegen der Fettleibigkeit des Kranken etwas Schwierigkeit. Beim wiederholten Abzählen der Dornfortsätze wird sehr starker Schmerz an einem Dorn geäußert, der vielleicht D 9, vielleicht D 10 bedeuten konnte. Er wird als dem 10. rechten Dorsalnerven entsprechend angesehen. Auf die Injektion sistierte sofort die Kolik und der Schulterschmerz. Die Druckempfindlichkeit der Gallenblase verschwand erst 15 Minuten später. Etwa 3 Stunden nach der Injektion war die Druckempfindlichkeit — wenn auch vermindert — wiedergekehrt. Auch die Druckempfindlichkeit der Dornfortsätze hörte sofort auf (Ramus dorsalis 10). Die Operation ergab ein Empyem der Gallenblase mit Schwielen in der Umgebung der Gallenblase und Gallengänge.“

Aber nicht nur Koliken, sondern auch dauernd bestehende Druckempfindlichkeit konnten durch die paravertebrale Injektion beeinflußt werden. Die ersten diesbezüglichen Laewenschen Fälle folgen:

„In einem später operierten Fall wurde sofort nach einem schmerzhaften Anfall injiziert. Bei dem abtastenden Vorschieben wurden dieselben Schmerzen empfunden wie bei dem Anfall. Die noch bestehende starke Druckempfindlichkeit in der Leberhilusgegend verschwand sofort. Nach einer Stunde traten wieder leichte Spontanschmerzen, aber keine Koliken auf."

„In einem zweiten Falle, wo dann bei der Operation beim Übergang des Cysticus in den Choledochus ein Stein gefunden wurde, verschwand der am Leberrand bestehende Druckschmerz vollkommen. Am nächsten Tag war er geringer wieder da."

„In einem weiteren Falle fand sich in der Gegend unterhalb vom rechten Rippenbogen eine Bauchdeckenspannung und eine auf Druck empfindliche nicht abgrenzbare Resistenz. Nach der Injektion verschwand die Bauchdeckenspannung und der Tumor ließ sich wesentlich besser abgrenzen. Auch die Druckempfindlichkeit ließ nach. Es handelte sich, wie die Laparotomie zeigte, um einen fortgeschrittenen Magentumor, der bis an die Gegend des Lig. hepatoduodenale reichte."

Sehr eindrucksvoll waren nach Laewen die Fälle, bei denen die Diagnose klinisch nicht gesichert werden konnte:

„Bei einer Frau mit nicht charakteristischen Schmerzanfällen in der Magengegend und einem ausgesprochenen Druckpunkt in der Mittellinie unterhalb der Spitze des Schwertfortsatzes verschwand der Druckschmerz sofort nach der Einspritzung und war 2 Stunden später noch nicht wieder aufgetreten. Unterhalb des rechten Rippenbogens entstand in Nabelhöhe ein streifenförmiger hypaesthetischer Bezirk. Ich stellte darauf die Diagnose auf Cholelithiasis, operierte mit dem entsprechenden Bauchschnitt und fand eine mit über 100 kleinen Steinen angefüllte Gallenblase mit Verwachsungen nach dem Magen und Querkolon, sowie Schwielenbildung an der Einmündungsstelle des Cysticus."

Der andere Fall: „Eine Frau wurde als Magen- oder Duodenalulcus eingeliefert. Als einziger Befund ergab sich ein nur mäßig starker Druckschmerz in der Gegend unter dem Procesus xiphoideus in der Mittellinie. Nach der Injektion hörte diese Druckempfindlichkeit sofort auf. Bei der daraufhin vorgenommenen Operation fanden sich in der nicht vergrößerten prall gefüllten Gallenblase 21 Maulbeersteine. In der Umgebung des Cysticus waren Schwielen und eine vergrößerte Lymphdrüse. Magen und Duodenum waren völlig gesund."

Voraussetzung für die Wirksamkeit der Injektion ist aber, daß der Prozeß auf die Gallenblase und auf die Gallenwege beschränkt bleibt.

Kappis und Gerlach, die bis 1923 über 100 derartige Fälle berichten konnten, haben in 27 Fällen von Gallenblasenaffektionen injiziert: von ihnen wurden sofort schmerzlos auf D 9 r. 3; D 9 und 10 r. 18; D 10 r. 2; D 9, 10, 11 r. 4. Es handelte sich dabei teils um Gallenblasenkoliken, teils um akute oder chronische Chole- und Pericholecystitis, teils um Choledochussteine, ohne räumlich weiter ausgreifende Komplikationen.

Als besonders drastische Fälle der Wirksamkeit der Injektion bei der Differentialdiagnose zwischen Gallenblasen- und Magenerkrankung führen Kappis und Gerlach folgende an:

1. 38j. Frau. Nach Vorgeschichte (seit 10 Jahren kolikartige Schmerzanfälle in der Gallenblasengegend, stets mit Erbrechen) und Befund (Druckschmerz in der Gallenblasengegend und medial von ihr) sichere Gallenblasenerkrankung. Einspritzung: auf D 6 r. geringes Nachlassen, auf D 7 r. schmerzfrei; danach Duodenalerkrankung. Die Operation ergab eine zwar steinhaltige, aber völlig reizlose Gallenblase, dagegen ein außerordentlich schweres Duodenalulcus mit starken, entzündlichen Verwachsungen in der Umgebung, das zweifellos die Schmerzursache gebildet hatte.

2. 34j. Mann, der 14 Tage kolikartige Schmerzen im Oberbauch hatte, die eine Stunde nach dem Essen anfingen. Kein Erbrechen. In der Gallenblasengegend kleinhandtellergroßer Bezirk mit heftigem Druckschmerz. Einspritzung an D 6 und D 7 r. ergibt Verschwinden der Schmerzen. Danach Ulcus duodeni angenommen, durch Operation bestätigt.

Gubergritz und Istschenko, die 1924 über 73 Fälle von differentialdiagnostischer paravertebraler Injektion berichteten, geben der Meinung Ausdruck, daß die Unterscheidung besonders scharf zwischen Gallenblasen- und Nierenkoliken möglich sei. In 2 Fällen von sicheren Zeichen einer Nierenkolik (harnsaure Salze im Harn) sind die Schmerzen bei D 9 und D 10 geschwunden. Bei der Operation wurde der Befund nach der paravertebralen Injektion, die Annahme eines Gallenblasenleidens, bestätigt.

Was unsere Erfahrung anbelangt, hat sich die paravertebrale Injektion, aus dieser Indikation bei diesem Leiden vorgenommen, an ca. 25 Fällen sehr gut bewährt.

Im besonderen trifft dies gegenüber der Unterscheidung von Magen- und Duodenalerkrankungen einerseits, den Gallenblasenaffektionen anderseits zu. Es empfiehlt sich hiebei immer in die Gallenblasensegmente (D 9 und D 10 rechts) zu injizieren, da es sicherer erscheint, eventuell einen Rückschluß auf eine Gallenblasenaffektion im negativen Sinne zu ziehen, als einen solchen im positiven Sinne auf eine Magen- oder Duodenalerkrankung. D. h.: Bestehenbleiben oder Schwinden der Schmerzen nach paravertebraler Injektion bei D 9 und D 10 rechts anläßlich des Unterscheidungsversuches zwischen Gallenblasen- und Magenschmerzen läßt einen sichereren Schluß auf Erkrankung oder Intaktheit der Gallenblase zu als die entsprechende Injektion in die Magensegmente.

Auch die Differentialdiagnose zwischen Gallenblasen- und Nierenerkrankungen ist mittels der paravertebralen Injektion mit großer Sicherheit möglich. Hier trifft das eben vorher gesagte nicht zu. Die Injektion in D 9 und D 10 ist ebenso sicher wie die Injektion in D 12 bis L 1.

Als charakteristische Fälle dieser Reihe möchte ich folgende Krankengeschichten aus unserem Material kurz erwähnen.

Marie S., 63 J. alt. Schon vor zehn Jahren leichte Schmerzen im Unterbauch. Seit 20 Tagen neuerliche Schmerzen im Oberbauch, welche in das

Kreuz ausstrahlen. Fieber. Status: Täglich Schüttelfröste bis 40·5, über der rechten Oberbauchseite gedämpfter Schall. Entsprechend der Dämpfung tastet man eine Resistenz, welche fast bis zur Spina il. ant. reicht. Die Resistenz ist von unten umgreifbar und sehr druckempfindlich. Am nächsten Tage kann eine Resistenz vom rechten Rippenbogen bis in Nabelhöhe getastet werden. Bevor die Patientin operiert wird, erhält sie eine paravertebrale Injektion D 9 rechts, welche aber ohne Erfolg ist. Es wird also eine Nierenaffektion angenommen. Die Operation ergibt eine Vergrößerung der Niere. Die Patientin geht an einer Pneumonie und Sepsis zugrunde, und die Obduktion ergab eine Nephrolithiasis und Pyelitis.

Bei einer 30j. Patientin, welche das Bild eines Ileus bot und bei welcher schon viermal wegen eines Gallensteinleidens operiert worden war und nun Adhäsionen zwischen Gallenblase und Duodenum angenommen wurden, wurde bei D 9 rechts ohne Erfolg injiziert. Die Schmerzen ließen nicht im geringsten nach. Die Operation (Klinik Hochenegg) ergab hinsichtlich der Adhäsionen einen negativen Befund. Es handelte sich vielmehr um einen spastischen Ileus im Bereiche des Dünndarmes.

Patientin Margarete E., 17j., wird mit der Diagnose eines Gallensteinanfalles eingeliefert (Abt. Pal). Patientin ist seit 2 Jahren krank. Magenschmerzen, die anfallsweise auftreten. Zur Zeit einer Schwangerschaft vor 2 Jahren wurden die Anfälle stärker. Dasselbe traf bei einer zweiten Schwangerschaft zu. Patientin bot das typische Bild der Gallensteinkolik dar. Die größte Schmerzhaftigkeit saß unterhalb des rechten Rippenbogens, wo auch eine Resistenz undeutlich tastbar war. Es wurde eine Injektion bei D 9 und D 10 rechts vorgenommen. Die Bauchdeckenspannung ließ etwas nach, der Schmerz verschwand aber nicht. Es mußte daher an der Diagnose Gallenblasenkolik Zweifel gehegt werden. Tatsächlich ergab die am nächsten Tage vorgenommene Laparotomie eine akute Pankreasentzündung. Die Gallenblase war frei.

Was die Differentialdiagnose zwischen Gallenblasen- und Nierenleiden anbelangt, ist der folgende Fall von Kappis und Gerlach lehrreich:

53 jährige Frau erkrankt akut mit Bauchschmerzen rechts. Heftigster Druckschmerz, Spannung und pralle Resistenz rechts im Mittel- und Oberbauch bis zur Lendengegend. Differentialdiagnostisch kommt am ehesten ein appendicitischer oder paranephritischer Abszeß in Frage. Einspritzungen D 12 bis L 3 r. ohne jeden Einfluß. Die Operation ergab tatsächlich ein Gallenblasenempyem bei etwas abnorm liegender Gallenblase.

Es ist nun auffallend, daß nach paravertebraler Injektion in das 9. und 10. Dorsalsegment mit den kolikartigen und dauernden Schmerzen auch die Schmerzen verschwinden, die gegen die Schulter zu ausstrahlen. Dieser Schulter- bzw. Oberarmschmerz wird verschiedenartig gedeutet. Higier meinte, daß der N. phrenicus die Leber innerviert, und da er aus dem 4. Cervicalsegment kommt, durch Überleitung auch diesen empfindlich macht. Nach Ramström u. a. wird aber die Leber vom Phrenicus nicht innerviert (cit. nach Müller). Hingegen bestehen Verbindungen des Ramus phrenico-abdominalis mit sympathischen Ästen aus dem Plexus coeliacus und auf diesem Wege: Gallenblase-Plexus coeliacus—Plexus phrenicus und Nervus phrenicus dürfte der bei Gallensteinkoliken so oft zu beobachtende Schulterschmerz fortgeleitet werden.

Auch diese Bahn scheint nun durch die paravertebrale Injektion unterbrochen zu werden. Nach Greving wird die Leber sowohl vom sympathischen als auch vom parasympathischen Nervensystem sensibel versorgt. Es kommen hiefür hauptsächlich Nerven aus dem Plexus hepaticus der Art. hepatica in Betracht, in dem sämtliche sympathische Fasern und wahrscheinlich auch ein Teil der Vagusfasern enthalten sind. Weiters aber auch die Rami hepatici aus dem Vagus.

Da sich Leber und Gallenwege aus demselben Teil der Darmanlage entwickeln, ist also anzunehmen, daß die Blockade der Segmente D 9 und D 10 auch die Leber ausschaltet.

Bei den in paravertebraler Anästhesie bei D 9 und D 10 vorgenommenen Operationen an den Gallenwegen (Mandl) wird daher eine entsprechende Schmerzlosigkeit erzielt werden können. (Siehe S. 30.)

b) Nierenaffektionen

Die paravertebrale Injektion bei Nierenerkrankungen wird nach Laewen am häufigsten bei D 12 und L 1 einseitig oder beidseitig vorgenommen.

Im folgenden seien einige eklatante Fälle aus Laewens Erfahrungen mitgeteilt:

Bei einem Mann mit schwerer Nierenkolik und starker Druckempfindlichkeit der linken Niere (Haematurie bei Hydronephrose) beseitigte die Einspritzung an D 12 und L 1 links sofort die Schmerzen und verschaffte dem Kranken eine Nachtruhe. Am nächsten Tag wurde beim gleichen Patienten die durch Wiederholung der Injektion erreichte Schmerzfreiheit und Muskelerschlaffung zur Herstellung einer Röntgenaufnahme mit der Kompressionsblende benutzt.

In 3 Fällen von Pyelitis leisteten die genannten Injektionen sehr gute Dienste. Bei einer Frau mit Colipyelitis post partum verschwand sofort die hochgradige Berührungsempfindlichkeit der rechten Nierengegend. Bei Injektion an D 12 äußerte die Patientin das Gefühl, es würde ihr in die Schmerzen noch hineingestochen. Dann ließen die Schmerzen nach und verschwanden nach Injektion an L 1 vollkommen. Die Schmerzlosigkeit hielt 48 Stunden an.

Auch in einem anderen Falle von erheblichen Schmerzen bei rechtsseitiger Pyelitis nach Fraktur des 2. Lumbalwirbels brachte die Ausschaltung der genannten beiden Nerven sofortige Schmerzfreiheit (mit Abfall des Fiebers).

Bei einem dritten Fall von Pyelitis, wo die Schmerzen bis in den Testikel ausstrahlten, hörten nach Unterbrechung von D 12 und L 1 die Schmerzen auf, mit Ausnahme der Hodenschmerzen. Bei einem neuerlichen Schmerzanfall beseitigte bei diesem Patienten die Injektion von je 5 cm^3 Novokain-Suprareninlösung an D 12 und L 1 bis 4 die Schmerzen in der Nierengegend und im Hoden.

Bei Perinephritis, Nierenkarbunkel und perinephritischen Abszessen hatte die Injektion an die beiden Nerven außer der Aufhebung der Schmerzen eine sehr wertvolle Erschlaffung der gespannten Muskulatur zur Folge, die die Palpation der vergrößerten Niere und ihrer infiltrierten Umgebung ermöglichte.

Laewen verfügt über 4 derartige Beobachtungen bei perinephritischen Abszessen. Ein älterer Mann mit druckempfindlichem Tumor in der rechten Nierengegend (Nierenkarbunkel, Nephrektomie) und namentlich nachts auftretenden Kolikschmerzen verlor nach Injektion von 7·5 cm^3 Novokain-Suprareninlösung an D 12 und L 1 seine Schmerzen und konnte zum ersten Mal wieder eine Nacht schlafen.

Laewen hält es für wahrscheinlich, daß bei Pyelitis und bei Nierenkoliken die Aufhebung der Schmerzempfindung „nicht nur die Folge der sensiblen Ausschaltung ist, sondern daß auch Kontraktionszustände im Beginn und im Verlaufe des Ureters durch die Nervenausschaltung beseitigt werden können".

In 2 Fällen hat die Injektion bei L 2 die Schmerzen beseitigt, in 2 Fällen die Injektion bei D 12 und L 1.

Letzthin bringt Laewen zur Kenntnis, daß tiefer gelegene Steine im Ureter erst durch Injektion bei L 2, L 3 bzw. L 4 aufhören, schmerzhaft zu sein.

Kappis und Gerlach spritzten bei 11 Nierenerkrankungen. Es wurden schmerzlos auf D 12 3 Fälle; auf D 12 und L 1 4 Fälle; D 12, L 1 und L 2 auch 4 Fälle.

Wir sehen also auch hier bei der diagnostischen paravertebralen Injektion bei Nierenerkrankungen keinen Versager!

Wir selbst haben die paravertebrale Injektion in den hier bezüglichen Fällen 13mal angewendet. Lag tatsächlich eine Nierenaffektion vor, verschwand stets der Schmerz auf D 12 und L 1. Wir bevorzugten bei allen diesen Fällen die Injektion in die genannten Segmente (9 Fälle). Ließ der Schmerz nicht nach, dann wurde durch Operation (3 Fälle) oder durch weitere klinische Beobachtung (3 Fälle) stets der Beweis erbracht, daß eine andere Ursache des Schmerzes vorlag.

Einen besonders klaren Fall möchte ich kurz schildern:

57jährige Frau. Bereits seit Jahren Schmerzen im rechten Oberbauch ohne bestimmt anzugebende S-Ausstrahlungen. Die Schmerzen sind kolikartig. Nie Ikterus. Karlsbader Kuren bringen Erfolg. Die Harnuntersuchung ergab niemals irgendwelche Anhaltspunkte für eine Nierenaffektion. Bei der Palpation tastet man einen unter dem rechten Rippenbogen gelegenen Tumor, der druckschmerzhaft ist und etwas ballottiert. Bei der sehr fetten Patientin und infolge der bestehenden Bauchdeckenspannung läßt sich nicht sagen, ob der Tumor von der Niere oder von der Gallenblase ausgeht. Die Lage spricht eher für einen Nierentumor.

Paravertebrale Injektion in D 12, L 1 rechts. Die Schmerzen bleiben bestehen. Die Operation fördert eine Steingallenblase zu Tage.

Die paravertebrale Injektion läßt sich also bei Nierenaffektionen mit großer Sicherheit sowohl in positivem als auch in negativem Sinne verwerten.

Bei dieser Gelegenheit soll einiges über die nervöse Versorgung der Niere vorgebracht werden, wobei ich mich hauptsächlich an das Buch L. R. Müllers über die „Lebensnerven" halte.

Die Niere ist außerordentlich reich mit Nerven versorgt. Man unterscheidet das extrarenal liegende Nervengeflecht als Plexus renalis von den in den Hilus der Niere eintretenden Nervenfasern. Der Plexus renalis wird zum großen Teil aus Zweigen gebildet, die vom Ganglion coeliacum stammen. Man sieht aber auch Verbindungsfasern zum Ganglion mesentericum superius ziehen und Stränge zum Geflecht der Nebenniere. Ein direkter Zusammenhang des Nierengeflechtes mit den Plexus aorticus der Bauchaorta ist auch ständig vorhanden.

Jost hat auf einen vom Bauchsympathicus von unten an den Nierenhilus herantretenden Nervenstrang aufmerksam gemacht, dem eine besondere funktionelle Bedeutung zukommen soll.

Die Nerven nehmen ihren Ursprung von den Rami communicantes alb. des 4. bis 12. Dorsalsegmentes. Eine direkte Verbindung zwischen Vagus und Nierenplexus ist nicht immer mit Sicherheit nachzuweisen. Die gleiche Mannigfaltigkeit zeigt sich auch in der Verteilung der großen Ganglien. Sieht man manchmal die beiden Ganglia coeliaca in einem, dann Ganglion solare benannten, vereint, so kann man in anderen Fällen sogar die Ganglia coeliaca in einzelne Knoten aufgelöst finden.

Die Nerven des Plexus renalis halten sich strenge an den Verlauf der Gefäße. Sie umgeben diese mit einem dichten Geflecht, sich vielfach verästelnd und zahlreiche Anastomosen eingehend. Auch nach dem Eintritt in das Nierenparenchym kann man noch makroskopisch die feinen Nervenfasern verfolgen, die sich mit den Gefäßen in dem Gewebe aufteilen.

Was die Struktur der hier in Betracht kommenden Nerven anbelangt, so sind sie im Nierenparenchym selbst fast ausschließlich marklos. Nur ganz vereinzelt konnte Müller dünne markhaltige Fasern konstatieren, dagegen schienen die markhaltigen Fasern im Gebiete der Nierenkelche und des Nierenbeckens häufiger zu sein.

Doch stellt auch hier in den Nierenkelchen neuerdings Häbler einen ungewöhnlichen großen Reichtum an marklosen Nervenfasern fest, deren Endigungen sich oft in engster Verbindung mit den Muskelfasern finden. Häbler sah in den Nierenkelchen dichte Züge glatter Muskelfasern, die noch oberhalb des Austreibemuskels des Sphinkter papillae gelegen sind.

Die chirurgischen Erfahrungen stimmen darin überein, daß auch die Niere und ihr bindegewebiger Überzug äußeren Eingriffen gegenüber unempfindlich sind. So schreibt Lennander: „Von einer Niere, deren Fettkapsel von der fibrösen Kapsel völlig abgelöst ist, gehen bei operativen Eingriffen keine Schmerzempfindungen aus, es mag das Nierenparenchym gesund oder krank sein.“ Bei akuten Nierenerkrankungen, bei der echten Nephritis, wird von vielen Autoren die Spannung der Nierenkapsel für die bei dieser Krankheit auftretenden Nierenschmerzen verantwortlich gemacht. Von dem Bestehen eines erhöhten Druckes in der entzündlich erkrankten Niere kann man sich ja durch das Überquellen des Parenchyms beim Einschneiden in die Kapsel überzeugen. Wie aber spinale Nerven durch die Zunahme des intrakapsulären Druckes gereizt werden sollen, ist unverständlich, nachdem nicht zu erweisen ist, daß der bindegewebige Überzug der Niere von Rückenmarksnerven versorgt wird. Nun kommen jedoch Nierenschmerzen nicht nur bei akuten Nierenentzündungen, die mit Quellung und mit seröser Durchtränkung des Gewebes einhergehen vor, und auch die Schrumpfniere kann zu schmerzhaften Empfindungen in der Lendengegend führen.

Nimmt man bei Nierenkranken eine genaue Anamnese auf und läßt man sich eingehend ihre Beschwerden schildern, so ist man erstaunt, wie häufig solche Kranke über Schmerzen in der Nierengegend zu klagen haben. In diesen Fällen ist dann fast jedesmal eine Hyperalgesie in der Lumbalgegend festzustellen. Es handelt sich nur um eine Überempfindlichkeit gegen leichte Schmerzeindrücke, während die übrigen Empfindungsqualitäten nicht verändert sind.

Der Feststellung des Chirurgen, daß die Niere sich bei Operationen unempfindlich erweist, steht also die unumstößliche Tatsache gegenüber, daß Erkrankungen der Niere, einerlei, ob sie entzündlicher, degenerativer oder ischämischer Natur sind, Schmerzen auslösen können. Lageveränderungen des Organs und damit Zug und Druck auf die umgebenden spinalen Nerven können hier wahrscheinlich nicht für die schmerzhaften Empfindungen verantwortlich gemacht werden. Da die Beschwerden ganz ebenso bei der akuten Nierenentzündung wie bei der chronischen Schrumpfniere zustande kommen, so kann auch die Spannung der Kapsel nicht beschuldigt werden, ganz abgesehen davon, daß der bindegewebige Überzug nicht von den spinalen Fasern innerviert wird. So bleibt nur die Annahme übrig, daß das vegetative System für die Schmerzleitung in Betracht kommt. Aus dem die Aorta abdominalis umgebenden Nervenplexus ziehen mit den Nierengefäßen zahlreiche Fasern nach dem Hilus der Niere. Die bei Nierenkranken so häufig festzustellende Hyperalgesie der Haut in der Lumbalgegend weist darauf hin, daß Reize aus dem sympathischen System in das cerebrospinale irradiieren.

Ein weiterer Beweis, daß die Steinschmerzen keinesfalls durch Schleimhautläsion, z. B. beim Durchgleiten des Steines durch den Ureter oder Scheuern im Nierenbecken verursacht sind, ist darin gelegen, daß jeder Schmerz, der noch Sekunden vor der Injektion als direkt vernichtend empfunden wird, nach paravertebraler Injektion in das betreffende Segment augenblicklich zum Verschwinden gebracht wird. Auch das Gefühl des Wundseins bleibt nach der Injektion nicht zurück. Es unterscheidet sich also der ganze Verlauf der Schmerzeindrücke wesentlich von denen, bei welchen wir mit Sicherheit annehmen können, daß eine überempfindliche Schleimhaut durch einen Fremdkörper irritiert wurde. Als bestes Beispiel hiefür dünkt mir der Konjunktivareiz nach Läsion der Bindehaut durch einen Fremdkörper. Selbst nach Entfernung desselben bleibt das Fremdkörpergefühl noch lange Zeit bestehen.

Die Schmerzbeseitigung durch die paravertebrale Injektion ist also als Eingriff, der eine sympathische Leitungsbahn betrifft, durchaus begründet.

c) Magenaffektionen

Über die paravertebrale Injektion bei Magenerkrankungen hat Laewen in seiner ersten Publikation im Jahre 1922 nur wenig mitgeteilt. In 2 Fällen, bei welchen eine gedeckte Perforation eines Magenulcus vorlag, hat die paravertebrale Injektion in D 7 rechts gewirkt. Nach Kappis kann der Magen durch paravertebrale Injektion in D 6 bis D 9 ausgeschaltet werden; nach Kulenkampf durch Injektion in das 6. bis 7. Dorsalsegment. Nach Treves-Keith bildet im Sinne von Head die linke 8. Dorsalwurzel das Schmerzsegment für den Magen.

Im Jahre 1923 teilte dann Laewen mit, daß er durch paravertebrale Injektion je nach der Lage des Ulcus zum Pylorus rechts oder links bei D 7, eventuell auch bei D 8 Schmerzen ausschalten konnte.

Ein älterer Mann mit Ulcus an der kleinen Kurvatur und einer entzündlichen Infiltration, die auf das Duodenum und Pankreas übergreift, hat dauernd so heftige Schmerzen, daß er hockend im Bett sitzt. Nach Injektion von 10 cm^3 $2^0/_0$ N. S. L. an D 7 rechts lassen die Schmerzen wesentlich nach. Er nimmt wieder die Rückenlage ein. Die Erleichterung hält die ganze Nacht an, obwohl der Bauch im Epigastrium gespannt bleibt.

In 2 Fällen ließen sich die Schmerzen nach Injektion an dem 7. und 8. rechten Dorsalnerven zum Verschwinden bringen. Einmal handelte es sich um ein Ulcus penetrans der kleinen Kurvatur. Der Druckschmerz unter der Spitze des Schwertfortsatzes hörte gleich nach der Einspritzung auf.

Im anderen Fall bestand eine durch Adhäsionen nach Cholecystektomie bedingte Pylorusstenose. Hier verschwanden nach der Injektion Druckschmerz und Bauchdeckenspannung im rechten Epigastrium.

Bei einem weiteren Patienten mit dauerndem Druckschmerz im Epigastrium infolge von Verwachsungen des Netzes in der Coecalgegend mit starrer Fixierung des Magens, ließ sich dieser Schmerz durch Ausschaltung des rechten und linken 7. und 8. Dorsalnerven zum Verschwinden bringen.

Dasselbe war der Fall bei einem Ulcus penetrans der kleinen Kurvatur. Nach Injektion an Dorsalis 7 rechts und links schwand der Druckschmerz bis auf einen Rest, der sich erst dadurch beseitigen ließ, daß eine halbe Stunde später auch noch Dorsalis 8 beiderseits ausgeschaltet wurde. Noch nach 12 Stunden fehlte jede Druckempfindung.

Unwirksam auf Druckempfindlichkeit und Bauchdeckenspannung war die Injektion an die beiderseitigen D 7 und 8 in einem Falle von perf. Magenulcus der Pylorusgegend und Peritonitis. In diesem Fall, der als Gallensteinkolik überwiesen war, war auch die Ausschaltung vom rechten D 10 ganz unwirksam gewesen.

Die größte Erfahrung mit der differentialdiagnostischen paravertebralen Injektion bei Magenaffektionen scheinen Kappis und Gerlach zu haben. Sie spritzten bei 36 chronischen, aber auch bei akuten und subakuten Schmerzzuständen des Magens.

„Alle, bis auf einen Versager, wurden auf Einspritzungen im Bereich der Segmente D 6 bis D 8 teils ein-, teils beiderseitig völlig schmerzfrei, davon 2 auf D 6 l., 3 auf D 6 r., 3 auf D 7 r., 9 auf D 6 r., 7 r. usw.

Die Segmentverteilung der erfolgreichen Einspritzungen erlaubt nun bis zu einem gewissen, rückblickend sogar ziemlich sicheren Grad Schlüsse auf den Sitz des Ulcus: Geschwüre im Bereich des Duodenum und Pylorus wurden schmerzfrei auf nur rechtsseitige Einspritzungen. Gegen die kleine Kurvatur hin, und desto mehr, je höher das Ulcus liegt, braucht man zur Schmerzbeseitigung auch linksseitige Einspritzungen. Ein Carcinom der großen Kurvatur und ein Ulcus der kleinen Kurvatur wurden schmerzlos auf D 6 l. allein. Allerdings läßt sich aus einer Schmerzbeseitigung durch nur rechtsseitige Einspritzung nicht der bestimmte Schluß ziehen, daß ein Ulcus der kleinen Kurvatur nicht vorhanden sei; wir hatten auch kleine Kurvaturgeschwüre, die schmerzlos wurden auf nur rechtsseitige Einspritzung; das höchstliegende derselben lag 3 Querfinger über dem Pylorus; bei höher liegenden waren stets linksseitige Einspritzungen nötig. Die differentialdiagnostische Klärung durch die paravertebrale Einspritzung in dieser Richtung ist jedenfalls viel besser, als es die Splanchnicusanästhesie je zu leisten vermag, von der Kulenkampf erwartet, daß sie vielleicht eine Klärung in dieser Richtung bringt, wenn sie, was er offen läßt, bei Duodenum-Pyloruserkrankungen nur rechts, bei Magenkörpererkrankungen rechts und links notwendig wäre." (Kappis und Gerlach.)

Persönlich habe ich mit der paravertebralen Injektion bei Magenkrankheiten eine relativ geringe Erfahrung. Was die Unterscheidung zwischen den an der kleinen Kurvatur oder am Pylorus und Duodenum sitzenden Ulcera oder Carcinomen anbelangt, haben sich mir die Kappisschen Erfahrungen — allerdings nur an dem kleinen Material von 4 operierten Fällen — nicht bestätigen können.

Gubergritz und Istschenko haben ebenfalls zwischen Ulcus ventriculi und Ulcus duodeni mittels der paravertebralen Injektion nicht zu unterscheiden vermocht und auch ihre Erfahrungen sprechen gegen die von Laewen, Kappis und Gerlach.

Bei der Differentialdiagnose zwischen Magenduodenalerkrankungen einerseits, Gallenblasenerkrankungen anderseits ziehe ich es vor, die viel sicherer auszuschaltenden Gallensegmente bei D 9 bzw. D 9 und D 10 zu beschicken und aus dem Resultat dann die Schlüsse in positivem bzw. negativem Sinne zu ziehen. Dieses Verfahren ist der Ausschaltung der Magensegmente schon deshalb vorzuziehen, da bei Unkenntnis des Ulcus- oder Carcinomsitzes oft bilateral 2 bis 3 Injektionen nötig wären.

Von der vorzüglichen und sicheren Wirkung der paravertebralen Injektion als Differentialdiagostikum zwischen Magen- und Duodenalerkrankungen einerseits, Gallenblasenerkrankungen anderseits, habe ich bereits im Abschnitt über die Wirkung der paravertebralen Injektion bei Gallenblasenaffektionen gesprochen.

Gerade bei dem Mangel einer sicheren Unterscheidung durch bloße klinische Untersuchung, bei den schwankenden Befunden des Magensaftes der sich sekretorisch gegenseitig beeinflußenden Krankheiten und auch bei der in manchen Fällen zu Tage tretenden Zweideutigkeit des Röntgenbefundes, kann nur mit größter Wärme auf diese so gute neue Methode zur Ergänzung der Differentialdiagnose hingewiesen werden.

Sehr interessant und wichtig erscheint mir die Anwendung der paravertebralen Injektion zwecks Entscheidung, ob bei einer epigastrischen Hernie die Schmerzen durch diese oder durch eine gleichzeitige Erkrankung des Magens ausgelöst werden. (Kappis und Gerlach.) Diese Autoren führen folgenden Fall an:

31jähriger Mann mit epigastrischer Hernie wurde auf D 5 bis 7 beiderseits und D 8 l. nicht schmerzfrei. Eine Magenerkrankung wurde darnach ziemlich sicher ausgeschlossen. Die Operation ergab auch intraabdominal völlig normale Verhältnisse, als Schmerzursache nur die Hernie.

Es ist zur Genüge bekannt, wie oft bei epigastrischen Hernien alle Zeichen einer benignen oder malignen Magenerkrankung vorhanden sind, und daß viele dieser Kranken auch unter starker Abmagerung leiden und so bei den geschwächten und durch Schmerzen herabgekommenen Patienten das komplette Bild eines Magencarcinoms ergeben können. Wie das von mir bearbeitete Material der Klinik Hochenegg bewies, war auch der Röntgenbefund nicht immer entscheidend, da durch Zug eines Magenzipfels gegen die Bruchpforte zu, ein nischenartiges Bild hervorgerufen werden konnte. Ich erwähne weiters, daß in 35% des Materials der Klinik Hochenegg die Hernien der Linea alba mit ulcerösen Prozessen des Magens oder des Duodenums kombiniert waren. Es mußte also zur Klarstellung der Verhältnisse eine Laparotomie anläßlich der Hernienoperation gefordert werden, um eine gleichzeitig bestehende Magenaffektion mit Sicherheit auszuschließen. Vielleicht kann nun der große Bauchschnitt durch die paravertebrale Injektion erspart werden.

d) Affektionen des Wurmfortsatzes

Es sei gleich vorweggenommen, daß sich die paravertebrale Injektion an die den Wurmfortsatz wahrscheinlich innervierenden Segmente nicht bewährt hat. Das gilt aber nur für die Ausschaltung der Appendixgegend als solcher. Man soll daher, falls differentialdiagnostisch Wurmfortsatz- oder Gallenblasenschmerzen in Betracht kommen, oder aber: Wurmfortsatz- oder Nierenbeschwerden, Wurmfortsatz- oder Magenschmerzen vorliegen — immer in die Segmente der letztgenannten Organe injizieren. Man wird also der paravertebralen Injektion in D 12 bis L 2 bis 3 (Appendix) die paravertebrale Injektion in D 9 und D 10 (Gallenblase) oder D 6 bis D 8 (Magen) oder D 12 und L 1 (Niere) vorzuziehen haben.

Mit den Magensegmenten kollidieren die der Appendixgegend niemals. Für die Differentialdiagnose mit Gallenblasenschmerzen ist wichtig, daß bei paravertebraler Injektion in D 10 niemals die Appendixschmerzen verschwinden (Laewen), und die Differentialdiagnose also eine sichere ist.

Die Möglichkeit der Unterscheidung zwischen Nieren- und Blinddarmbeschwerden durch die paravertebrale Injektion ist leider durch die teilweise Identität der zu injizierenden Segmente nicht groß. Falls die Schmerzen auf paravertebrale Injektion in D 12 allein oder L 1 allein zu beheben sind, ist anzunehmen, daß eine Nierenaffektion vorliegt, weil auf isolierte Einspritzungen Blinddarmbeschwerden fast nie zu beheben sind. Leider sind also die Unterscheidungsmöglichkeiten bei diesen Krankheiten, die man gerade so oft zu verwechseln pflegt, nicht so zuverlässig wie in anderen Fällen.

Bei einem Patienten mit rechtsseitiger Nierenkolik, der als Appendix eingeliefert worden war, bestand leichte Haematurie. Die Schmerzen waren unbestimmter Natur, und die Ausstrahlungen waren nicht charakteristisch. Nach Injektion von je 10 cm^3 $^1/_2$% Novokainlösung an den rechten D 12 und L 1 hörten die Schmerzen sofort auf, und auch die bestehende Rectusspannung verschwand. Später ging bei dem Patienten ein Nierenstein ab.

Nach Mackenzie kommt bei einer unkomplizierten Appendicitis bei Erzeugung des Schmerzes nur eine Übertragung des Reizes vom Wurmfortsatz auf die Gegend des 12. Dorsal- und 1. und 2. Lumbalsegmentes in das Rückenmark in Betracht.

Die Schwierigkeit der Ausschaltung der Appendix liegt nach Kappis wahrscheinlich darin, daß entwicklungsgeschichtlich die Appendix ebenso wie der Darm bilateral sensibel versorgt wird. So erklärt sich die hinlänglich bekannte insuffiziente Anästhesierungsmöglichkeit des Wurmfortsatzes anläßlich seiner operativen Entfernung. Hiezu kommt noch, daß sich bei einer Appendicitis der Entzündungsprozeß keinesfalls auf das Bett des Wurmfortsatzes beschränkt, sondern meist wesentlich darüber hinausgeht, das Netz an sich heranzieht etc. etc. Und so genügt meist nach Laewen die Ausschaltung von 2 bis 4 Segmenten einseitig oder auch doppelseitig nicht immer zur Aufhebung der Schmerzhaftigkeit.

Laewen hat deshalb auch die Injektion nur bei 4 Fällen ausgeführt. Die Injektion bei L1 und L2 war immer insuffizient, und das ist differentialdiagnostisch gegenüber Nierenerkrankungen von großer Bedeutung.

Kappis und Gerlach berichten, daß sie zur Beseitigung der Appendixschmerzen stets mehrere bis zu 6 Segmenten links und rechts aus der Gruppe D 10 bis L 4 einspritzten. Ihre Erfahrungen bei einer ganzen Anzahl von Blinddarmentzündungen haben die Bevorzugung bestimmter Segmente nicht ergeben. Vielmehr hatten sie stets ausgedehntere Einspritzungen nötig. Unter 14 Fällen erreichten sie vollständige Schmerzlosigkeit nur bei 5, und zwar auf: D 12 r., L 1 r., D 12 l., L 1 r., D 12 r., D 12 bis L 2 r. und l., D 12 bis L 1 r. und l. und L 2, L 3 r., D 12 bis L 2 r. und l. und L 3 r. In den 9 anderen Fällen wurde auch bei noch ausgedehnterer Segmenteinspritzung keine völlige Schmerzlosigkeit erreicht. Auffallend war bei den Appendixeinspritzungen, daß Druckschmerz von links her bis fast zum Außenrande des rechten Rectus auf nur linksseitige Injektion prompt verschwand.

Immerhin haben Kappis und Gerlach auch bei unklaren Erkrankungen, bei denen Appendicitiden in Betracht kommen, die paravertebrale Injektion angewendet.

64 jähriger Mann erkrankt vor einer Woche akut mit Schmerzen in der Gallenblasengegend. Bei der Aufnahme Fieber, Druckschmerz und Spannung in der Gallenblasengegend. Diagnose am ehesten Chole- und Pericholecystitis, vielleicht gedeckte Duodenalperforation. Einspritzung an D 6—10 r. beseitigt die Schmerzen nicht vollständig, obwohl die parietal-sensiblen Segmente im Schmerzgebiet sicher ausgeschaltet sind. Es muß daher etwas besonderes oder anderes vorliegen. Die Operation ergibt einen Abszeß in der Gallenblasengegend, der von einer gangränösen Appendix ausgeht; für Appendicitis hatte im Befund tatsächlich nichts gesprochen.

34 jährige Frau, war 2 Monate als Gallenblasenerkrankung behandelt worden; zwei Tage vor der Aufnahme Verschlimmerung der Beschwerden. Leib etwas aufgetrieben, die Bauchdecken überall gespannt, lebhafter Druckschmerz in der ganzen rechten Bauchseite und handbreit links oben vom Nabel. Differentialdiagnostisch wurde Pankreatitis, Cholecystitis, Appendicitis in Erwägung gezogen. Das einwandfreie Nachlassen (nicht Verschwinden) von Druckschmerz und Spannung auf Injektion an D 12 r. und L 1 r. ließ uns Appendicitis annehmen. Bei der anschließenden Operation fand sich in der Tat eine eitrige Appendicitis.

Gubergritz und Istschenko kamen bei der paravertebralen Injektion bei appendicitischen Beschwerden direkt zu „verwirrenden Resultaten". In einem Falle war Injektion von D 9 bis L 3 ohne Erfolg, in einem anderen Falle hatte die Injektion von D 12, L 1, L 2 Erfolg.

Aus unserem Material möchte ich folgenden Fall anführen:

29jährige Patientin erkrankt plötzlich mit starken Schmerzen im Unterleib. Thermophor und Umschläge bringen Besserung. Kein Erbrechen. Ein dumpfer Schmerz hält bis zum 4. Tage nach der Erkrankung an. Bei der klinischen Untersuchung kommt differentialdiagnostisch Ureterstein oder subakute Appendicitis in Betracht. Die Injektion bei L 1 bringt den Schmerz zum Verschwinden. Es wird daher eine Nierenkolik angenommen und der Steinabgang und die schon vorher vorgenommene Röntgenuntersuchung bestätigen diese Annahme.

Am wichtigsten wäre wohl ein sicheres Differentialdiagnostikum zwischen Appendixerkrankung einerseits und den Erkrankungen des weiblichen Genitale anderseits. Leider ist diesbezüglich unsere Methode scheinbar insuffizient.

Kappis und Gerlach versuchten festzustellen, ob die Schmerzbeseitigung durch Sacralanästhesie bei gynäkologischen und appendicitischen Schmerzen gewisse Unterschiede erkennen lasse. Leider ist dies nicht der Fall. Zwar gelang bei gynäkologischen Erkrankungen die Schmerzbeseitigung durch sacrale Anästhesie nicht zu selten. Dasselbe war aber, wenn auch nicht so häufig, bei appendicitischen Schmerzen auch der Fall, und umgekehrt blieben sowohl appendicitische wie gynäkologisch bedingte Schmerzen trotz gelungener sacraler Betäubung, wenigstens zum Teil, bestehen.

Es wäre höchstens noch zu versuchen, ob bei Erkrankungen des rechten weiblichen Genitale die Ausschaltung der für den Appendix in Betracht kommenden Segmente (D 12 bis L 3) durch die paravertebrale Injektion wirksam wäre.

In der Literatur herrschen über die nervöse Versorgung der weiblichen Genitalorgane die widersprechendsten Ansichten (siehe L. R. Müller, Dahl). Zweifellos sind an der Innervation der Plexus hypogastricus und der Plexus ovaricus in hervorragender Weise beteiligt. Sie enthalten motorische, sensible und wahrscheinlich auch vasoconstrictorische Fasern. Der N. pelvicus soll vasodilatorische Funktionen haben. Die erstgenannten Plexus könnten von den Lumbalsegmenten, der N. pelvicus von den sacralen aus ausgeschaltet werden. So wäre also eine Differentialdiagnose bei gewissen Genitalerkrankungen dadurch möglich, daß ein Schmerz auf parasacrale Injektion schwindet bzw. bestehen bleibt. Die Unterbrechung der in denselben Segmenten verlaufenden Fasern für die Appendix und das Genitale nach paravertebraler Injektion dürfte wohl kaum differentialdiagnostische Bedeutung erlangen.

Gegen die zu diesem Zweck von Kappis und Gerlach vorgeschlagene sacrale Anästhesie hätte ich einzuwenden, daß durch dieselbe auch höherliegende Segmente durch Diffusion des Betäubungsmittels ausgeschaltet werden und so die allfällige Wirkung trüben würden.

e) Sonstige differentialdiagnostische Möglichkeiten der paravertebralen Injektion

Laewen erwartet von dem Verfahren auch differentialdiagnostische Klärungen zwischen gewissen Brust- und Baucherkrankungen, insbesonders auch bei den zur Verwechslung Anlaß gebenden Pleuritiden. Ähnliches hat auch schon Kulenkampf für die Splanchnicusanästhesie vorgeschlagen. Bei den Fällen von beginnenden Pneumonien, deren deutliche klinische Erscheinungen noch ausstehen, und die zur Verwechslung mit akuten abdominellen Erkrankungen führen (ich denke besonders an die Differentialdiagnose zwischen den Pneumonien einerseits, den perforierten Magen- und Duodenalgeschwüren und Gallenblasen anderseits), könnte die Ausschaltung des Magens (D6 bis D8) oder der Gallenblase (D 9, D 10) durch Bestehenbleiben oder Verschwinden der Schmerzen zur richtigen Diagnose führen. Dies gilt auch für die traumatische Pneumonie, die manchmal mit einer Ruptur des Magens oder Darmes verwechselt wird.

Auch Mediastinalerkrankungen u. a. können in Betracht kommen. So brachte nach Kappis und Gerlach bei einem Cardiospasmus Einspritzung an D 4 und D 5 bis D 8 beiderseits keine Änderung der Beschwerden, was eine Magenbeteiligung sicher ausschloß.

Für diese Fälle käme allfällig die Splanchnicusanästhesie in Betracht.

f) Unklare Fälle

In jedem größeren Material finden sich weiter Fälle, die durchaus unklar sind, und bei denen auch nach der Operation oder Obduktion eine Erklärung für die Wirkung oder Unwirksamkeit der paravertebralen Injektion nicht gegeben werden kann.

Kappis und Gerlach führen folgende derartige Fälle an:

Bei einer Kranken waren die Ergebnisse der paravertebralen Injektion in zwei Sitzungen verschieden: Einmal wurde sie auf D 6 und D 7 links, das zweitemal auf D 11 und D 12 schmerzlos. Obwohl dieser Wechsel der Ergebnisse gegen eine objektive Ursache der Beschwerden sprach, wurde bei den jahrelang bestehenden Schmerzen doch die Probelaparotomie vorgenommen, und kein objektiver Grund der Bauchschmerzen gefunden.

Laewen schildert folgenden hierher gehörigen Fall:

Ein Mann mit Ileus, bei dem die Operation eine innere Inkarzeration des untersten Ileum in der Coecalgegend aufdeckte, bot folgende Erscheinungen: Erbrechen von kotigen Massen, Singultus, Meteorismus des ganzen Bauches, Spontanschmerz, besonders im Epigastrium, dort auch Druckempfindlichkeit und Muskelspannung. Nach der Injektion von 10 cm^3 2% N. S. L. an den rechten D 10 hören unterhalb vom rechten Rippenbogen Druckempfindlichkeit und Muskelspannung auf. Oberhalb vom Nabel bleiben diese Erscheinungen bestehen. Der Spontanschmerz verschwindet vollkommen. Der Kranke gibt sofort nach der Injektion an, daß er sich ganz außerordentlich gebessert fühle. Die einseitige Wirkung ist unverkennbar. Es ist aber auffallend, daß die eine Injektion an einen Nerven die Kolikschmerzen, die doch von dem Spannungszustand des ganzen Dünndarmes ausgelöst wurden, in so weitgehender Weise beseitigen konnte.

Aus unserem eigenen Material seien folgende Krankengeschichten kurz angeführt:

59jähriger Mann erkrankt im Oktober 1923 mit Schmerzen im Rücken. Diese werden als rheumatisch angesehen, und der Patient wird mit Aspirin, Vaccineurin etc. behandelt. Besserung durch 3 Monate. Auf eine Gasteiner Kur Verschlimmerung des Zustandes. Dann kommen Magenkrämpfe hinzu, die dem Patienten unerträglich werden. Er magert sichtlich ab, und es wird ein Ulcus ventriculi angenommen. Bald tritt auch ein Ikterus auf, und die Diagnose schwankt zwischen Ca. ventriculi und Cholelithiasis. Paravertebrale Injektion D 8 bis D 11 links keine Besserung. Eine Woche später paravertebrale Injektion D 12 L 1. Patient fühlt sich bald nach der Injektion bedeutend wohler. Die Besserung hält 3 Wochen an. Der Patient ißt und schläft wieder. Dann treten die alten Beschwerden wieder auf. Schlaflosigkeit, Schmerzen, Bauchkrämpfe etc. Die Operation ergibt ein Ca. des Pankreas. Patient ist bald nach der Operation verschieden.

Eine 25jährige Patientin erkrankt unter den Erscheinungen einer Appendicitis. Es käme differentialdiagnostisch noch eine Nierenkolik in Betracht. Auf paravertebrale Injektion bei L 1 bedeutende Besserung, die mehrere Wochen anhält. Es wird daher eine Steinkolik für die seinerzeitige Erkrankung als ursächlich angenommen. Patientin entzieht sich der weiteren Untersuchung. Einige Monate später wird die Frau unter den sicheren Zeichen einer Blinddarmentzündung in das Spital gebracht und operiert. Es handelte sich um eine Appendic. chronica subacuta. Eine hinsichtlich der Nierensteine neuerlich vorgenommene Untersuchung verläuft negativ.

Eine 64jährige Frau wurde unter der Diagnose Colontumor in der Gegend der Flexura hepatica operiert und vor der Operation eine paravertebrale Anästhesie bei D 12 bis L 4 vorgenommen. Nach Eröffnung des Peritoneums zeigte sich, daß aber kein Colontumor, sondern ein Ca. der Gallenblase vorlag. Das Carcinom saß an der Gallenblasenkuppe, und am Fundus der Blase fand sich ein zweiter Tumor, der wahrscheinlich als Drüsenmetastase angesehen werden kann. Das Eigenartige ist nun, daß die Operation, ohne daß die hier in Betracht kommenden Segmente ausgeschaltet wurden, doch in der paravertebralen Anästhesie zu Ende geführt werden konnte. Eine Allgemeinwirkung des Anästhetikums kann bei dem minimalen Verbrauch an Novokain (ca. 30 cm^3 paravertebral und ca. 30 cm^3 rein örtlich $^1/_2$% Lösung) nicht angenommen werden.

Natürlich schädigen diese Fälle, bei denen eigentlich das Operationsergebnis nicht mit der Wirkung der Injektion in Einklang zu bringen ist, das Verfahren als solches nicht. Im Gegenteil, sie machen die Methode noch interessanter und veranlassen die Vertiefung des diesbezüglichen Studiums.

Zusammenfassend muß über die differentialdiagnostischen Möglichkeiten mit der paravertebralen Injektion gesagt werden, daß dieselben ganz bedeutende sind. Ich betone nochmals, daß sich die Injektion besonders bei den Krankheitserscheinungen bewähren wird, welchen Erkrankungen der Gallenblase oder der Niere zugrunde liegen, da diese Organe mit fast unfehlbarer Sicherheit ausgeschaltet werden können. Für die Magenerkrankungen bzw. -schmerzen trifft dies weniger, für die Wurmfortsatzschmerzen in ganz geringem Grade zu. Kontrollversuche in falsche Segmente, wie sie Gubergritz und Istschenko vorgenommen haben, sprechen auch wesentlich zugunsten der Methode, ebenso die bereits eingangs erwähnten Erfahrungen am Material der Abteilung Hofrat Pal und der Klinik Hochenegg, über die seinerzeit von Brunn und Mandl berichtet wurde. Die Methode wurde bisher von Laewen, Kappis und Gerlach, Gubergritz und Istschenko, Schnitzler u. a. mit großer Zufriedenheit geübt. Schnitzler spricht von der „hohen differentialdiagnostischen Bedeutung" der Methode.

Es muß aber auch an dieser Stelle darauf hingewiesen werden, wie wichtig, abgesehen von der richtigen Technik, das richtige Zählen der Dornfortsätze, also die Bestimmung der Segmenthöhe ist. Falls diese nicht getroffen wird, ist natürlich der Operateur an den „Mängeln des Verfahrens" selbst schuld. Insbesondere dort, wo man Segmente injiziert, die an das Segment des Organes grenzen, gegenüber dem die Differentialdiagnose zu erfolgen hat, ist natürlich ein Irrtum in der Höhenbestimmung des Segmentes von weitgehenden Folgen. Dies käme z. B. dann in Betracht, wenn man in der Absicht, den Magen von D 6 bis D 8 auszuschalten, statt dieser Segmente irrtümlicherweise D 7 bis D 9 injizieren und so mit dem letzten Segment bereits die Gallenblaseninnervation beeinflussen würde. In diesem Falle gelingt Unterscheidung zwischen Gallenblasen- und Magenaffektion nicht. Natürlich ist die paravertebrale Injektion nur ein Hilfsmittel, welches keinen Verzicht auf die anderen klinischen Untersuchungsmethoden bedingt oder erlaubt. Es ist weiters klar, daß die bisher üblichen Methoden in einfachen Fällen stets vorzuziehen sein werden, weil sie für den Patienten belanglos sind, was man — selbst bei der Schmerzlosigkeit und Gefahrlosigkeit der paravertebralen Injektion — von ihr doch nicht behaupten kann. Sie wird daher als Diagnostikum hauptsächlich dort in Betracht kommen, wo andere Hilfsmittel fehlen (Röntgen) oder derzeit nicht angewendet werden können, oder aber zur Klärung des Krankheitsbildes nicht wesentlich beitragen. Hier wird sie dann unter obigen Voraussetzungen ganz Vorzügliches leisten.

Es gibt aber auch Kontraindikationen für die diagnostische paravertebrale Injektion. Laewen will sie bei schwer kachektischen Patienten nicht angewendet wissen, weil in einem solchen Falle ein allerdings bald sich zurückbildender schlafähnlicher Zustand eintrat. Im allgemeinen kann man sagen, daß die Zahl der Injektionen von dem Kräftezustand des Patienten abhängig gemacht werden muß. Eine vollkommene Ausschaltung des Magens durch 4 Injektionen nimmt den Patienten natürlich mehr in Anspruch als die bloße Injektion bei D 9 zur Blockade der Gallenblaseninnervation. Auch daran muß gedacht werden. Letztere ist daher ebenso wie die Injektion bei D 12 und L 1 zur Ausschaltung der Niere selbst bei sehr schwer kranken Patienten mit viel weniger Bedenken vorzunehmen.

Unbedingt kontraindiziert ist m. E. n. die paravertebrale Injektion aus diagnostischen Gründen bei den ganz akuten Fällen, bei welchen Perforationsgefahr besteht, und bei welchen aus irgendwelchen Gründen die Operation nicht sofort angeschlossen werden kann. Wir haben schon gehört, daß die Bauchdeckenspannung sofort nach der Injektion nachläßt und die Défense musculaire, das wichtigste Kriterium für das Übergreifen des Entzündungsprozesses auf das Bauchfell, verschwindet. In solchen Fällen wird dann das Bild der beginnenden Peritonitis vollkommen verschleiert und die Indikation zum operativen Eingriff ebenso verwischt wie nach einer Morphiuminjektion. Wir fürchten letztere bei akuten zur Perforation neigenden Prozessen der Bauchhöhle derartig, daß an der Klinik Hochenegg prinzipiell bei auf Perforation nur in leisesten verdächtigen Fällen die vorher durch den behandelnden Arzt verabreichte Morphingabe allein eine Indikation zum sofortigen Eingriff bildet. In diesem Sinne kommen in erster Linie akute Blinddarmentzündungen und weniger Gallenblasenperforationen in Betracht.

Einen hieher gehörigen Fall möchte ich kurz mitteilen:

Die 68jährige Patientin Karoline S. wurde am 23. September 1925 mit Erscheinungen einer circumscripten, im Oberbauch lokalisierten Schmerzhaftigkeit eingeliefert (Abteilung Pal). Bei der ersten Untersuchung bestanden Erscheinungen einer diffusen Peritonitis nicht. Da die Anamnese ergab, daß diese Erscheinungen schon seit einem Jahre in wechselnder Stärke auftraten, wurde angenommen, daß es sich um einen Gallensteinanfall handle. Die Patientin machte aber einen ziemlich schwerkranken und schwerbesinnlichen Eindruck. Erbrechen hatte angeblich nicht stattgefunden. Die anamnestischen Angaben waren überaus unklar, da die Patientin anläßlich des der Aufnahme vorhergehenden Schmerzanfalles bewußtlos auf der Straße zusammengestürzt war und von der Rettungsgesellschaft eingeliefert wurde. So wurde denn aus diagnostischen Gründen eine paravertebrale Injektion bei D 10 vorgenommen. Schmerzhaftigkeit und Bauchdeckenspannung schwanden etwas, jedoch stellte sich im Laufe der nächsten Stunden auch Erbrechen ein. Der Puls ging hoch. Da das Erbrechen anhielt und der Zustand sich verschlimmerte, wurde die Patientin zwecks Operation an die Klinik Hochenegg transferiert und die hier vom Kollegen Stöhr vorgenommene Operation ergab, daß es sich um eine perforierte Gallenblase mit diffuser Peritonitis handle. Zum Glück konnte die Patientin, deren Operation durch die paravertebrale Injektion verzögert worden war, gerettet werden.

Wichtig ist auch die Feststellung, daß trotz gelungener Injektion die Schmerzhaftigkeit in diesem Falle nicht ganz behoben werden konnte, weil die Erkrankung nicht mehr auf die Gallenblase allein beschränkt war. Darauf hat auch schon Laewen aufmerksam gemacht.

6. Die therapeutische Anwendung der paravertebralen Injektion

a) Abdominelle Affektionen

Anläßlich der Einführung der Kappisschen Splanchnicusanästhesie hat schon Naegeli die Frage der therapeutischen Beeinflussung durch diese Methode kurz berührt. Naegeli stellte sich vor, daß kolikartige Schmerzen bei Gallensteinen und Darmspasmen auch durch einmalige Injektion günstig beeinflußt werden könnten, und daß, abgesehen von sensiblen Nervenfasern, auch vasomotorische und sekretorische getroffen werden.

Schon in seinen ersten Publikationen im Jahre 1922 und 1923 erwähnte Laewen, daß nach paravertebraler Injektion wegen Nierenkoliken in das 12. Dorsal- und 1. Lumbalsegment die Schmerzen für lange Zeit nicht mehr auftraten. In einem Falle konnte durch die paravertebrale Injektion ein Abgang von Uretersteinen erzielt werden.

Ein Kranker wird mit der Diagnose Ileus eingeliefert, jedoch wird der Verdacht auf eine linksseitige Nierenkolik rege. Es werden nun in Pausen von etwa 7 Minuten eingespritzt: je 7 cm^3 $2\%_0$ N. S. L. an die linken D 10, D 11, D 12, L 1, L 2 und L 3. Bei L 2 gibt der Kranke an, daß die Schmerzen etwas nachließen. Nach der Injektion bei L 3 hören sie ganz auf. Die linksseitige Bauchdeckenspannung verschwindet. Zwischen linkem Leistenband und der Gegend oberhalb des Nabels entsteht eine Hyperästhesie. Eine jetzt vorgenommene Röntgenaufnahme der linken Niere ergibt kein Konkrement. Nach einer Stunde traten wieder linksseitige Schmerzen auf. Die Cystoskopie ergibt jetzt die linke Ureteröffnung stark in die Blase vorgetrieben, kreisförmig auf etwa Linsengröße erweitert. In dieser Öffnung werden, umrahmt von Blutcoagula, zwei gelbe zackige Gebilde sichtbar, neben denen etwas Urin vorbeiläuft. In der Hoffnung, den Sphinkter an der linken Uretermündung zur Erschlaffung zu bringen, werdem 150 cm^3 $^1/_2$% N. S. L. nach der Reclusschen Methode in den untersten Mastdarmabschnitt injiziert, wodurch eine vortreffliche Anästhesierung des Blasenbodens mit der Prostata zu erzielen ist. $^3/_4$ Stunden nach dieser Injektion konnte man mit dem Cystoskop sehen, wie die beiden Gebilde aus der Uretermündung herausgefallen waren. Die Schmerzen blieben dann bis auf einen kurzen aber wesentlich geringeren Anfall in der nächsten Nacht weg.

Kappis und Kulenkampf hatten ebenso auf die therapeutischen Erfolge der Injektion im Bereiche der die Niere versorgenden Segmente hingewiesen:

„Koliken und Schmerzen verschwanden nicht nur sofort, sondern sie kehrten auch meist gar nicht oder nur sehr abgeschwächt wieder. Auch trat zuweilen im Anschluß an die Einspritzung eine vermehrte Harnabscheidung ein. Ob diese bedingt ist durch eine Spasmusbeseitigung des Nierenbeckens oder Ureters oder durch eine Beeinflussung der Nierenarterien oder -sekretion kann aus unseren bisherigen Untersuchungen nicht entnommen werden" (s. u.).

Zu therapeutischen Zwecken haben Kappis und Gerlach, abgesehen von den Nebenergebnissen bei Nieren- und Gallensteinkoliken, die Einspritzungen nicht verwandt. Doch schien ihnen nach den Ergebnissen von Laewen und Naegeli die Methode auch in dieser Richtung ausbaufähig.

Gubergritz und Istschenko bemerken kurz, daß sie bei Injektion in die Gallenblasensegmente manchmal therapeutische Wirkungen erzielt haben.

Auf Anregung Prof. Pals haben wir die paravertebrale Injektion von vornherein systematisch aus therapeutischen Gründen verwendet und untersucht, ob und auf wie lange Zeit Schmerzzustände des Abdomens durch die paravertebrale Injektion aufgehoben werden können. Über die ersten Ergebnisse wurde seinerzeit kurz berichtet. Auf Grund unserer Erfahrungen von der sicheren Wirkung der aus differentialdiagnostischen Gründen vorgenommenen paravertebralen Injektion wurde die therapeutische paravertebrale Injektion auch nur bei Gallenblasen- und Nierenschmerzen verabfolgt. Hier sind ja auch, wie bereits erwähnt, um die Schmerzleitung mit großer Sicherheit auszuschalten, nur ein bis zwei Injektionen notwendig. (D 9 und D 10 bei Gallenblasenschmerzen, D 12, L 1 bei Nierenschmerzen.) Weitgehende Injektionen in viele Segmente wurden ebenso wie bei der diagnostischen paravertebralen Injektion auch bei der therapeutischen nach Tunlichkeit vermieden.

Natürlich stellen aber auch die therapeutischen Injektionen — und darauf muß mit Nachdruck hingewiesen werden — nicht die erste therapeutische Maßnahme dar.

Auf der Abteilung Pal wird bei Gallenblasenkoliken zunächst durch ein Spasmolyticum versucht, den Anfall zu beheben. Hiezu wird Troparin verwendet, das aus Novatropin und Papaverin besteht und zur Erzielung einer rascheren Wirkung am besten intravenös injiziert wird. Dadurch können die Krampfschmerzen gelindert oder beseitigt werden. Hat diese Therapie keinen Erfolg, so können wir es mit einer vergrößerten, überdehnten Gallenblase zu tun haben, die selbstverständlich auf ein die glatte Muskulatur erschlaffendes Agens nicht reagieren kann. In diesem Falle muß man seine Zuflucht zum Morphin nehmen, um den Schmerz zentral zu beheben. Gerade bei solchen Fällen genügt aber oft eine Injektion nicht. Es muß eine zweite und dritte verabfolgt werden, was die Gefahr der Gewöhnung näherrückt. Reines Morphin wollen wir auf jeden Fall auch hier vermieden wissen, da es Erbrechen hervorrufen kann, wodurch nicht nur ein qualvoller, sondern bei diesem Leiden auch gefährlicher Zustand entsteht. Diese Nebenwirkung des Morphins können wir ausschalten, indem wir Präparate verwenden, welche die Gesamtalkaloide des Opiums, also die Papaverinkomponente, enthalten, oder Atropin (Novatropin) dem Morphin zusetzen. Für solche Fälle mit überdehnter Gallenblase haben wir die paravertebrale Injektion zur Behandlung herangezogen, vorausgesetzt, daß eine radikale Operation nicht notwendig erschien.

1. Gallenblasenschmerzen

Bisher habe ich bei 27 Gallenblasenkranken, die in ihrer überwiegenden Mehrheit der Abteilung Pal entstammen, die paravertebrale Injektion aus therapeutischen Gründen ausgeführt. Während der Injektion gaben die meisten Patienten an, daß sich die Schmerzen unter dem rechten Rippenbogen verstärkten und sie das Gefühl hätten, als ob die Nadel ganz nach vorne eindringe. Einige Sekunden nach der Injektion aber waren die Schmerzen ganz verschwunden, und die Bauchdecken wurden weich. Während des noch ca. eine Woche dauernden Spitalaufenthaltes blieben die meisten Patienten nach der Injektion zumeist anfalls- und schmerzfrei. Bei 3 Patienten war aber die Injektion nicht wirksam.

Was das Dauerresultat anbelangt, liegt die Injektion bei 21 Kranken länger als 4 Monate zurück, und dieselben kommen also schon für die Beurteilung der Dauerwirkung in Betracht, zumal es sich stets um Fälle handelte, welche vor der Injektion an gehäuften Anfällen gelitten haben. In 81% der Fälle resultierte insoferne eine Heilung, als die Schmerzen und Anfälle nach der Injektion bisher 4 Monate bis 2 Jahre überhaupt ausblieben. Die meisten dieser Patienten halten allerdings eine bestimmte Diät ein und einige unterzogen sich auch einer Karlsbader Kur.

Nochmals sei betont, daß die meisten Patienten bis zu der Injektion an immer wiederkehrenden Anfällen gelitten haben, deren Intervalle immer kürzer wurden, bei denen der Schmerzgrad immer stieg, und die teilweise dem Morphinabusus verfallen waren.

Ein Ikterus ist nach der Injektion nur bei einem unserer Kranken aufgetreten.

Ganz eigenartig ist, daß wir bei einigen Kranken konstatieren konnten, daß — nachdem die Bauchdecken nach der paravertebralen Injektion erschlafft waren und der Gallenblasentumor deutlich palpiert werden konnte — sich dieser Tumor im Laufe der nächsten Tage verkleinerte. Pal hat auf diese Umstände vor kurzem bereits aufmerksam gemacht (s. u.). Dies war übrigens auch bei einer Patientin der Fall, welche auf die paravertebrale Injektion nicht reagiert hatte, und bei der die Schmerzen 30 Minuten nach der Injektion wieder auftraten.

Emilie T., 26j., hat seit 3 Wochen Stechen im rechten Oberbauch, in die Lendengegend ausstrahlend. Unter dem rechten Rippenbogen tastet man eine runde Resistenz, die druckschmerzhaft ist, sich von der Lendengegend aus bewegen läßt und respiratorisch verschieblich ist. Röntgenbefund, Magen und Duodenum negativ. Troparin-Thermophor ohne Erfolg. In den letzten 36 Stunden sind die Schmerzen besonders stark. Paravertebrale Injektion in D 9 rechts. Nach einigen Minuten Besserung der Schmerzen. Bald darauf sind diese ganz verschwunden. Nach 30 Minuten treten die Schmerzen wieder auf. Nach der Injektion findet sich im Harn Bilirubin und Urobilinogen positiv! Am nächsten Tag tritt Ikterus auf, der in den nächsten 2 Tagen deutlich bestehen bleibt. Am dritten Tage verschwindet der Schmerz, die Resistenz ist nicht mehr palpabel und auch der Ikterus ist einen Tag später verschwunden.

Jedenfalls zeigen diese Fälle, daß durch die paravertebrale Injektion nicht nur die Sensibilität, sondern auch die Sekretionsverhältnisse eine Umstimmung erfahren.

Was die Sekretionsverhältnisse der Gallenblase anbelangt, soll hervorgehoben werden, daß Eiger durch intrathoracale Reizung des N. vagus an Hunden feststellen konnte, daß dieser Nerv fördernd und beschleunigend auf die Gallensekretion wirkt. Hingegen gelang es auch Eiger zu zeigen, daß Sympathicusreizung zu einer Verlangsamung der Gallenabsonderung führt. Sympathicuslähmung durch paravertebrale Injektion würde also zu einer Förderung der Gallenabsonderung führen.

Von Einfluß auf diese Verhältnisse sind natürlich auch die Kontraktionen der Gallenblase selbst und auch die Funktion des Sphinkter. Unsere diesbezüglichen Kenntnisse sind noch etwas verworren. In L. R. Müllers Werk findet sich hierüber zerstreut folgendes:

Die von der Leber in die Gallenwege sezernierte Galle wird durch den tonischen Verschluß des Sphinkter in der Papilla Vateri in die Gallenblase zurückgestaut. Aus der Vesica fellea wird die Galle durch Kontraktionen dieses Organes bei gleichzeitiger Öffnung des Schließmuskels entleert. Der Sphinkter besteht aus glatten Muskelfasern, die die Papilla Vateri ringförmig umgreifen.

Auf das Nervensystem der Gallenblase wirken sowohl das sympathische als das parasympathische System ein. Während Doyon vermutet, daß die Nervi splanchnici das Gallensystem zur Tätigkeit anregen, nehmen Bainbridge und Dale an, daß dem Nervus vagus diese Funktion zukommt, eine Ansicht, der auch Courtade und Guyon beistimmen. Nach Angabe dieser Autoren führt Vagusreizung zu Kontraktionen der Gallenblase und gleichzeitig zur Öffnung der Papilla Vateri. Rost bestätigt in seinen Untersuchungen über die funktionelle

Bedeutung der Gallenblase, daß bei jeder Kontraktion der Vesica fellea sich zugleich die Papilla Vateri öffnet.

Eiger sah dagegen bei Reizung des Nervus vagus an Hunden Kontraktion der Choledochusmuskulatur und sogar Stockung des Gallenabflusses. Diese letzten Beobachtungen scheinen den früheren gerade entgegengesetzt zu sein. Und doch lassen sich beide Ansichten wohl miteinander in Einklang bringen. Nach den vorliegenden Untersuchungen ist es wahrscheinlich, daß sich, ganz ähnlich wie bei dem sphinkterartigen Verschluß der Cardia, der Sphinkter des Choledochus in ständiger tonischer Kontraktion befindet, dem durch den Nervus vagus erregende und hemmende Impulse zuströmen. Der gleiche Reiz, der eine Lösung des Sphinktertonus herbeiführt, ruft Kontraktionen der Gallenblase hervor. Ganz ähnliche Verhältnisse liegen ja dem Austreibungsmechanismus der Harnblase zugrunde. Auch hier führt die parasympathische Innervation zur Zusammenziehung des Detrusor und zur Öffnung des Sphinkter.

Im Gegensatz zu der anregenden Wirkung des Vagus auf die motorischen Elemente der Gallenblase, scheint dem Sympathicus ein hemmender Einfluß zuzukommen. Dies beweisen die Versuche Bainbridges und Dales. Nach Durchschneiden des Splanchnicus sahen sie eine Steigerung der rhythmischen Kontraktion der Gallenblase, bei Reizung trat Erschlaffung der Gallenblase ein. Hieraus ist zu schließen, daß den Kontraktionen der Gallenblase auf Vagusbahnen erregende, durch Sympathicusfasern hemmende Einflüsse zuströmen. Ein Vergleich mit den ähnlichen Innervationsverhältnissen am Magen und Darm und besonders an der Speiseröhre liegt nahe.

Die hier dargelegte Anschauung von der Innervation der Gallenblase fand im großen und ganzen eine Bestätigung durch Tierversuche von K. Westphal aus der Frankfurter medizinischen Klinik. Nach Westphal vollzieht sich die Ausstoßung der Galle infolge Vaguserregung. Diese löst die Zusammenziehung der Gallenblase und peristaltische Bewegungen des Choledochus sowie des von Oddi beschriebenen Sphinkter des Choledochus aus. Gleichzeitig wird der Sphinkter der Papilla Vateri zur Erschlaffung angeregt. Sympathicus- bzw. Splanchnicusreizung hemmt dagegen die Kontraktion der Gallenblase sowie die Peristaltik des Choledochus und führt zur Kontraktion des Sphinkter der Papilla Vateri.

K. Westphal konnte ferner zeigen, daß sich nach Vagus- und Splanchnicusdurchschneidung keine besonderen Bewegungsvorgänge aus der Gallenblase und ihrem Ausführungsgang abspielen. Wurde nach einer solchen Durchschneidung der peripherische Stumpf des Vagus gereizt, so führte das zu einer überstürzten Entleerung der Gallengänge und zu mangelnder Schließungsfähigkeit des ganzen Sphinktergebietes.

Die Vermutung, daß der Nervus vagus die Kontraktion der glatten Muskulatur im Gallengangsystem anregt, wird auch durch pharmakologische Versuche gestützt. Es kontrahiert sich nach H. H. Meyer auf Pilokarpin, das Reizmittel des parasympathischen Systems, die Gallenblase; der Sphinkter schließt sich zuerst, um aber nach einiger Zeit ganz zu erschlaffen. Atropin bringt nach Doyon Gallenblase und Sphinkter zur Erschlaffung. Dieses Gift wirkt bekanntlich auf die Endapparate des Vagus.

Unter pathologischen Verhältnissen kann es zu Störungen im Innervationsgebiet des Gallengangsystems kommen. Dies scheint bei dem sogenannten emotionellen Ikterus der Fall zu sein. Der im Volksmund zum Ausdruck kommende Zusammenhang zwischen schwerem Ärger, starkem Gallenfluß und Gelbfärbung der Haut („sich gelb ärgern") wurde wiederholt durch klinische Beobachtungen bestätigt. Auch Eiger verfügt über einen solchen Fall, bei dem unmittelbar nach einer schweren seelischen Erregung Gelbsucht auftrat und andere Ursachen für den Ikterus nicht beschuldigt werden konnten. Bei Erregungszuständen im vegetativen System, wie sie durch heftigen Schreck und Ärger geschaffen werden, führen augenscheinlich abnorm starke Innervationen auf Bahnen des kranialautonomen Systems zur Kontraktion des Sphinkter in der Papilla Vateri. Gleichzeitig kann der gleiche Reiz eine Mehrsekretion von Galle hervorrufen. (M. Eiger.)

Jedenfalls hat also das vegetative System, das durch die paravertebrale Injektion in seinem Gleichgewicht gestört wird, Einfluß auf die Gallensekretion, und es liegt also auch theoretisch durchaus nahe, daß die Sekretion durch die paravertebrale Injektion gefördert wird.

Auf dieses Thema geht auch Pal näher ein:

„Die glatten Muskeln der Gallenwege sind ebenso innerviert und reagieren toxisch wie der Dünndarm. Die Herabsetzung der tonischen und kinetischen Funktion der glatten Muskeln bildet einen wichtigen Behelf in der Behandlung gewisser Fälle von mechanischem Ikterus" (s.u.). Die Behandlung mit paravertebraler Injektion hat Pal wichtige Erfolge bei Ikteruskranken gebracht. Ein Ikterus bei einer 34 jährigen Frau, den Pal zu beobachten Gelegenheit hatte, sprach auf die übliche Behandlungsart nicht an und Pal hat bei dieser Patientin von mir eine paravertebrale Injektion vornehmen lassen. Der Ikterus schwand. Pal meint nun, daß die glatten Muskeln wohl in den großen Gallenwegen, nicht aber in den feinen von Einfluß auf den Gallenabfluß sein können, da sie in den letzteren, so weit bisher bekannt ist, fehlen. In seinem Fall, mußte geschlossen werden, sei das Hindernis in den feineren Gallenwegen gelegen. „Es scheint mir höchstwahrscheinlich, daß auch in den feinen Gallenwegen kontraktile Elemente oder sonstige Einrichtungen bestehen, die, abgesehen von dem geringfügigen Sekretionsdruck, den Gallenabfluß zu hemmen oder zu fördern imstande sind. Auf diese Einrichtung hat die paravertebrale Injektion, d. h. die Blockierung des Sympathicus — wie ich nunmehr glaube — einen Einfluß."

2. Nierenkoliken

In 8 Fällen von Nierenkoliken verschwand nach paravertebraler Injektion in die betreffenden Segmente der Schmerz nicht nur augenblicklich, sondern für viele Monate. Einen ganz besonders eklatanten Fall will ich im folgenden kurz schildern:

Patientin E. G., 48j., ist hinsichtlich der Verdauungs- und Nierenorgane immer gesund gewesen. Sie erkrankte zum erstenmal Ende Mai 1923. Damals hatte sie Brechreiz und ein unangenehmes Völlegefühl im Abdomen, darauf Schmerzen. Am 31. September schließlich verstärkten sich die Schmerzen zu krampfartigen Anfällen, die ununterbrochen auftraten. Die Patientin wurde vor Schmerz ohnmächtig und schließlich mit Krankenwagen an die Abteilung Pal gebracht. Der Schmerz strahlt sowohl in den Rücken als auch in die Blasengegend aus. Auf eine Mo.-Injektion momentane Beruhigung, die aber nur kurze Zeit anhält. Dann treten die Schmerzen in verstärktem Maße wieder auf.

Am 3. Oktober 1923 wurde bei der Patientin eine paravertebrale Injektion in D 12 und L 1 vorgenommen. Augenblickliches Verschwinden der Schmerzhaftigkeit. Die Bauchdecken werden schlaff und man tastet deutlich unter dem linken Rippenbogen einen fluktuierenden Tumor, der zweifellos der Niere angehört. Im Laufe der nächsten Tage verschwand der Tumor vollkommen.

Patientin blieb auch weiterhin beschwerde- und anfallsfrei. Aus prophylaktischen Gründen begab sie sich im Juli 1924 zum Kurgebrauch nach Karlsbad, wo angeblich 1 kirschenkerngroßer Stein abging. Vorher hatte Patientin Steinabgang nie bemerkt. Der Stein war dunkel gefärbt. Trotz schwerster Arbeit (Patientin ist Markthelferin), hielt das gute Befinden an, und Patientin wurde durch nichts mehr an das Steinleiden gemahnt.

So blieb es bis Mitte Juli 1925, wo plötzlich „Schwäche“ auftrat, schließlich ein Schmerz unter dem linken Rippenbogen, so wie er seinerzeit gekommen war, aber von bedeutend geringerer Intensität. Patientin kam an die Klinik Hochenegg zwecks genauer Untersuchung.

Röntgenbefund: Alles normal. Nur im Verlaufe des distalen Drittels des linken Ureters findet sich ein kirschenkerngroßer, unregelmäßiger Konkrementschatten, proximal davon ein pfefferkorngroßer, weniger dichter Schatten. Rechts alles normal. Auf Glyzerineinspritzung nach Ureterensondierung (Dr. Weiser) geht wahrscheinlich der Stein ab, denn eine zweite Röntgenuntersuchung verläuft ohne Befund.

Bei einem anderen Patienten — es handelte sich um den Vater eines Kollegen — traten nach einer im September 1924 vorgenommenen Injektion in D 12, L 1 einseitig die Nierenkoliken bis heute (September 1925) nicht mehr auf, und der Patient fühlt sich vollkommen gesund.

Nun könnte man sagen, daß auch sonst Nierenkoliken in großen Intervallen aufzutreten pflegen, und ein Zusammenhang der lange andauernden Beschwerdelosigkeit mit der paravertebralen Injektion nicht mit Sicherheit angenommen werden kann. Zweifellos verhält es sich in gewissen Grenzen so. Es ist aber doch auffallend, daß nach dem augenblicklichen blitzartigen Verschwinden der Schmerzen sofort nach der Einspritzung die Intervalle der Anfälle viel länger wurden bzw. die Koliken durch sehr lange Zeit oder überhaupt ausblieben.

Von unseren 8 Fällen ist bei 5 ein Dauererfolg zu verzeichnen. (Keine Anfälle mehr durch 6 Monate bis 19 Monate nach der Injektion.)

Bei einer Patientin trat ein Anfall wieder auf (s. Krankengeschichten).

Bei einer anderen Patientin kam es ebenfalls zu einer Wiederholung der Krankheitserscheinungen, und ein Fall kommt für ein Dauerresultat noch nicht in Betracht.

Diese Ergebnisse sind wohl wieder eine Bestätigung dafür, daß der Nierenschmerz weniger — wie noch vor kurzem angenommen wurde — durch eine Spannung der Kapsel bedingt ist. Es schmerzt ja nicht nur die gestaute oder entzündlich geschwellte Niere, sondern auch die geschrumpfte. Der Nierenschmerz wird vielmehr durch Reizung des sympathischen Nervensystems ausgelöst und strahlt dann auf den bekannten Bahnen zum Spinalsystem aus.

Im allgemeinen stimmen unsere therapeutischen Versuche mit den Mitteilungen von Laewen, Kappis und Gerlach vollkommen überein.

Zweifellos wird also durch die paravertebrale Injektion nicht nur die Schmerzleitung, die von der Niere kommt, unterbrochen, sondern die Veränderung, die in den betreffenden Nervengebieten durch die paravertebrale Injektion gesetzt wird, muß eine ganz weitgehende sein. Auch durch die therapeutische paravertebrale Injektion ist also bewiesen, daß für die sensible Versorgung der Niere das vegetative Nervensystem in Betracht kommt. (s. o.)

Bei anderen abdominellen Affektionen (Magen-, Darmschmerzen-, Blinddarmerkrankungen) wurde die therapeutische paravertebrale Injektion nicht versucht. Maßgebend war hiefür unsere Erfahrung von der diagnostischen paravertebralen Injektion her, daß nämlich mit großer Sicherheit nur die Gallenblasen- und Nierensegmente getroffen werden können. Dann aber auch der Umstand, daß wir auch hier vermieden haben, den Patienten mit allzuvielen Einstichpunkten irgendwelche Unannehmlichkeiten zu verursachen.

Zusammenfassend können wir schon hier sagen, daß bei Gallenblasen- und Nierenschmerzen durch die paravertebrale Injektion ein neues, gut brauchbares Therapeutikum geschaffen ist, das nach Versagen interner Hilfsmittel (Antispasmodica, Trinkkuren) oft mit Erfolg angewendet werden kann. Kontraindiziert ist das Verfahren bei Gallenblasenkranken mit lang bestehendem Gangverschluß und schwerem Ikterus, bei drohender Perforation, bei schweren Verwachsungen der Gallenblase mit dem Duodenum; bei Nierenkoliken dann, wenn die Steinniere mit einer Hydro- oder Pyonephrose kombiniert ist und ein Funktionsausfall besteht, bei fieberhaften Zuständen etc.

Es werden also durch die paravertebrale Injektion die absoluten Indikationen zum operativen Eingriff nicht berührt. (Siehe S. 57 und 113.)

Was die Erklärung der Wirkung der paravertebralen Injektion bei diesen Erkrankungen anbelangt, berühren wir natürlich bei dem Versuche, eine solche zu geben, das Bereich der Hypothese.

Laewen hat schon angedeutet, daß die paravertebrale Injektion so nachhaltig und augenblicklich deshalb wirkt, weil wahrscheinlich zur Beruhigung eines im Überreizungszustande befindlichen Nerven viel kleinere Dosen eines Anästhetikums notwendig sind, als zur Unterbrechung eines normal funktionierenden Nerven. Wiedhopf hat, wie bereits erwähnt, festgestellt, daß die Affinität der einzelnen Nervenfasern zu den Anästheticis sich ganz verschieden verhält. Am raschesten und intensivsten sprechen sympathische Nervenfasern aller Qualitäten auf das Novokain an, dann kommen erst die sensiblen und nach ihnen die motorischen spinalen Nerven. Inwieweit hiefür die anatomischen Besonderheiten der sympathischen Nervenfasern (Fehlen der Markscheiden) maßgebend sind, kann natürlich nicht mit Sicherheit gesagt werden. Es wäre auch möglich, daß zwischen den sensiblen und motorischen Nerven mikroskopische Unterschiede bestehen, in die wir heute noch keinen Einblick haben.

Nach Pal liegt den schmerzhaften Zuständen des Abdomens ein Krampfzustand der Hohlorgane zugrunde. Durch die paravertebrale Injektion wird nicht allein der Schmerz, sondern auch dieser Krampf beseitigt. Ich zitiere im folgenden Pal wörtlich, um zu zeigen, wie dieser Forscher die Wirkung der paravertebralen Injektion im einzelnen Fall erklärt:

„Als Beispiel wähle ich einen Gallenblasenkrampf mit tastbarer, gefüllter Gallenblase. Die Schmerzen sind sehr heftig und man wäre geneigt, ein Morphin- oder Opiumpräparat zu injizieren. Wir machen eine paravertebrale Injektion und sind des Segmentes (9. Dornfortsatz—10. Dorsalsegment) und fast in jedem Falle auch des Erfolges sicher, wenn wir die Injektionstechnik beherrschen. Der Schmerz hört auf und was mir, wenigstens in den von mir beobachteten Fällen aufgefallen ist, der Anfall war damit erledigt. Die Gallenblasengegend ist nicht mehr empfindlich. Das sehen wir auch nach einer Morphininjektion, aber die Gallenblasengegend, die sich bei der Palpation uns aufgedrängt hat, ist entspannt. In meinen Fällen von Cholelithiasis war auch dieser Erfolg ein nachhaltiger. Nach Morphininjektion sehen wir den Schmerz wegfallen, aber die Gallenblase bleibt oft unverändert und es kommt vor, daß man der ersten Injektion noch eine zweite, selbst eine dritte folgen lassen muß, ehe der Anfall erledigt ist. Das Morphin wirkt nach meinen eigenen Untersuchungen auf die Gallenblase in gleicher Weise erregend wie auf den Darm, es hebt nicht den Muskelkrampf, sondern nur den Schmerz auf. Deshalb ist es auch, beiläufig bemerkt, rationell, das Morphin mit Atropin und noch besser mit Novatropin zu kombinieren oder ein Opiumpräparat einzuspritzen wegen seines Papaverin- und Narkotingehaltes.

Die paravertebrale Injektion wurde in der Absicht unternommen, um ausgehend von dem Segment die Lokalisation des Schmerzes bzw. das betroffene Organ aufzudecken. Wir sehen aber in sinnfälliger Weise bei der Gallenblase, daß nach der Injektion noch etwas vorgeht. Es hört der Krampfzustand auf. Das kann nicht die Folge der Unterbrechung der Schmerzleitung sein, denn der Schmerz ist hier wenigstens in den einfachen Fällen eine Folge des Krampfes und nicht das Wesentliche des Anfalles.

Der Krampf besteht nach meiner Auffassung aus einer hyperkinetischen und einer hypertonischen Komponente. Die Gallenblase und die Gallenwege werden kinetisch vom Vagus innerviert, den wir durch die paravertebrale Injektion nicht treffen. Wir blokkieren nicht nur die Schmerzleitung, sondern treffen auch eine Komponente des Krampfes, die nicht die kinetische ist und das muß die tonische sein. Der Muskeltonus wird herabgesetzt oder aufgehoben. Der Krampfzustand hört auf, weil es genügt, wie ich herausgefunden habe, einen der beiden Komponenten auszuschalten, um den Krampf aufzuheben.

So wie die sogenannte antispasmodische Medikation die kinetische Komponente der glatten Muskeln temporär ausschaltet, ist die paravertebrale Injektion im stande, die tonische Innervation eines Gebietes zu vermindern oder zu blockieren, vorausgesetzt, daß die Injektion im richtigen Segment und technisch richtig vorgenommen wurde. In einer älteren Untersuchungsreihe habe ich bereits gefunden, daß nach Ausschaltung der sympathischen Innervation (Durchtrennung der Splanchnici, Zerstörung ihrer spinalen Zentren) der Darm hypotonisch wird und seine Beweglichkeit dann eine erheblich gesteigerte ist. Meine Studien aus neuerer Zeit, die sich mit der Tonusfrage beschäftigen, knüpfen an diese experimentellen Arbeiten an.“

b) Weitere therapeutische Versuche mit der paravertebralen Injektion

α. Reflektorische Anurie

Zunächst sei einiges über die Nierensekretion im allgemeinen diesem Kapitel vorausgeschickt. (Siehe Renner in L. R. Müllers „Die Lebensnerven“.)

Schon die anatomischen Untersuchungen ergeben den Beweis der engen Beziehungen des vegetativen Nervensystems zur Niere. Früher wurde allgemein dem Vagus eine Einwirkung auf den Blutumlauf in der Niere zugeschrieben. Eine Reihe von Untersuchern wollten bei Reizung dieses Nerven eine Vasokonstriktion in diesem Organe beobachtet haben. Asher und seine Schule, dem wir auch sonst sehr sorgfältige Untersuchungen auf diesem Gebiete verdanken, bestreiten jedoch vasomotorische Wirkungen des Vagus auf die Niere.

Von der vasomotorischen Wirkung streng zu unterscheiden ist die sekretorische Einwirkung der Nerven. Hier liegen ebenfalls Ergebnisse der Asherschen Schule vor. So zerstörten Asher und Pearce auf der einen Seite durch Bestreichen mit konzentrierter Phenollösung sämtliche Nierennerven. Auf der anderen Seite wurde, um jeden fremden Einfluß zu vermeiden, der Splanchnicus durchschnitten und dann der Vagus nach Decerebrierung des Tieres nach längerer Periode hindurch mit dazwischenliegenden Ruhepausen intrathoracal gereizt. Es trat nun während der Reizperioden eine deutliche Vermehrung der Urinabsonderung ein, während die Urinmenge der anderen Seite gleich blieb. Aber nicht nur ein quantitativer Unterschied in der Funktion beider Organe ließ sich beobachten, sondern auch ein qualitativer. Die Zusammensetzung des Harns der unter Vagusreizung stehenden Niere war ein anderer als bei der Kontrollniere: durch die Nervenreizung wurde eine deutliche Vermehrung der festen Bestandteile im Urin hervorgerufen. Somit war der Beweis erbracht, daß der Vagus ein echter sekretorischer Nerv der Niere ist, der das Organ im fördernden Sinne beeinflußt.

Im gleichen Sinne sprechen auch die Untersuchungen eines anderen Asherschen Schülers, Mauerhofer (zit. n. Renner). Nach der Vagusdurchschneidung tritt meist eine Verminderung der Menge und der festen Bestandteile des Urins ein (Jungmann, Erich Meyer und Ellinger); gelegentlich aber auch eine Vermehrung der Urinmenge, was darauf hindeutet, daß der Vagus auch hemmend auf die Wasserdiurese wirken kann.

Die Forschung, die sich mit der Einwirkung des Splanchnicus auf die Nierenfunktion beschäftigt, hat schon vor Jahrzehnten eingesetzt. Schon Claude Bernard sah nach Durchschneidung dieses Nerven Polyurie auftreten, ebenso Jungmann, Erich Meyer und Ellinger. Wie weiterhin festgestellt wurde, findet die Innervation durch den Splanchnicus streng einseitig statt. Reizung des Splanchnicus der einen Seite führt zur Verkleinerung des Organs derselben Seite, während die bloße Durchschneidung zur Vergrößerung des gleichseitigen Organs führt. Oligurie und Polyurie gehen parallel mit dem Ab- und Anschwellen der Niere. Es ist also dies eine rein vasomotorische Wirkung.

Neben diesen quantitativen Unterschieden in der Urinabsonderung bei Splanchnicusdurchschneidung oder -reizung fiel schon frühzeitig auch eine qualitative Beeinflussung des Harns durch den Splanchnicus auf, die nur durch eine nervöse Beeinflussung der Nierensekretion erklärt werden konnte. In exakter Weise wurde diese sekretorische Komponente der Splanchnicuswirkung erst durch Untersuchungen des Berner physiologischen Instituts sichergestellt. Nach Ausschaltung jeder Wirkung auf die Vasomotoren gelang es, durch Reizung des Splanchnicus eine Hemmung der Urinsekretion herbeizuführen. Auch hier tritt also der Antagonismus zwischen sympathischem und parasympathischem System deutlich zu Tage. Die im N. splanchnicus ziehenden sekretorischen Fasern beeinflussen die Harnsekretion im hemmenden, die im N. vagus verlaufenden Fasern im fördernden Sinne. Dieser Antagonismus erstreckt sich aber anscheinend nicht auf die Gefäße. Hier dürfte allein der Splanchnicus in Betracht kommen. (Renner in L. R. Müllers „Die Lebensnerven".)

Sympathicusfasern und Vagusfasern treten durch den Stiel in die Niere ein. Die uns hauptsächlich interessierenden sympathischen Fasern verlaufen im Splanchnicus major und minor und kommen aus dem 11. und 12. Dorsalnerven und 1. Lumbalnerven. Außerdem beteiligen sich auch an der Innervation sympathische Geflechte, die direkt aus dem Grenzstrang stammen. Nach diesen physiologischen Vorbemerkungen wenden wir uns der uns interessierenden praktischen Frage zu.

Es ist bekannt, daß aus den verschiedenartigsten Ursachen eine bisher gut funktionierende Niere plötzlich in ihrer Tätigkeit gehemmt werden, und daß daraufhin auch die andere Niere zu funktionieren aufhören kann. Man spricht in so einem Falle von reflektorischer Anurie.

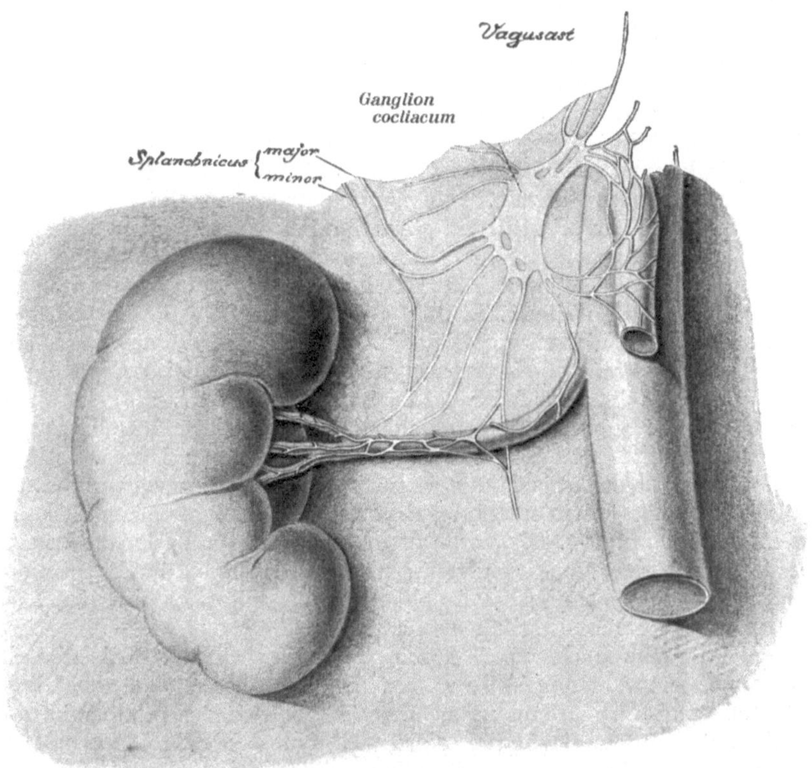

Abb. 7. Schematisches Übersichtsbild der Innervation der Niere (Aus L. R. Müller, Lebensnerven)

Als solche auslösende Ursachen — wie sie jüngst von Rubritius zusammenfassend geschildert wurden — galten hysterische Zustände (Charcot, Leube, Kasper, Kümmel zit.), Hautreflexe, Reflexe, die von den Geschlechtsorganen ausgingen (Phimosen, Lapislösunginstillationen) und schließlich die renorenalen bzw. ureterorenalen Reflexe (Ureterenkatheterismus, Steinanurie, Einwachsen eines Tumors in den Ureter). Die Ansichten, ob die reflektorische Anurie nur eine vorher erkrankte oder auch eine ganz gesunde Niere treffen kann, gehen auseinander. Viele Autoren nehmen diesbezüglich eine Mittelstellung ein.

Nach Ellinger und Hirt (zit. nach Rubritius) u. a. geht der Reflexbogen, der für die reflektorische Anurie in Betracht kommt, vom Ureter oder der Niere der einen Seite zur Niere der anderen Seite durch die Nn. splanchnici, durch das Rückenmarksegment und durch die Nn. splanchnici der anderen Seite und die am Nierenstiel eintretenden Nerven. Aus den oben angeführten physiologischen Vorbemerkungen geht hervor, daß der sekretionsfördernde Nerv der N. vagus ist, sein Antagonist der Splanchnicus. Im Experiment hat auch Jungmann gezeigt, daß die Splanchnicusdurchschneidung die Harnmenge vergrößert.

Neuwirth hat diese Tatsache als erster praktisch verwertet. Statt einer Durchschneidung des Splanchnicus hat er diesen Nerven durch Anästhesie blockiert. Wie er ausführt, hätte diese Anästhesierung erzielt werden können sowohl durch Lumbal- als auch durch Paravertebral- und Splanchnicusanästhesie. Die Lumbalanästhesie hat Neuwirth verworfen, da sie den Blutdruck stark herabsetzt, außerdem durch die stets konsekutive Hyperaemie der Därme zu einer Oligurie führen könnte. In einem Falle von reflektorischer Oligurie hat dann Neuwirth die Splanchnicusanästhesie mit Erfolg ausgeführt. Der Patient litt an Nierenkoliken bei gleichzeitiger Oligurie. Der erste Anfall dauerte $1^1/_2$ Tage, der zweite Anfall war von einem paralytischen Ileus begleitet. Die Oligurie war wahrscheinlich durch Nierensteineinklemmung zustande gekommen. Es wurde nun der Splanchnicus blockiert. Vor der Betäubung betrug die Harnmenge in 24 Stunden 330 cm^3 (spez. Gewicht: 1·028). Binnen 15 Minuten nach der Injektion waren die Schmerzen verschwunden und die in den nächsten 12 Stunden abgesonderte Harnmenge betrug 2000 cm^3 (spez. Gewicht: 1·013). Es wurde also nach der Anästhesierung in einer Stunde soviel Harn ausgeschieden, als vor derselben in 12 Stunden. Neuwirth hat die Injektion doppelseitig ausgeführt, meint aber, daß auch die einseitige Ausführung genügt hätte.

Ich habe nun bisher in 2 Fällen die paravertebrale Injektion bei vollkommener reflektorischer Anurie auszuführen Gelegenheit gehabt. Ich wollte vor allem versuchen, ob die paravertebrale Injektion, an die betreffenden Segmente gebracht, ebenso wirksam ist wie die Splanchnicusanästhesie, und außerdem schien mir die paravertebrale Injektion an einem ganz bestimmten Segment gefahrloser als die Splanchnicusanästhesie, die oft zu hochgradigen Blutdrucksenkungen führt.

Über den ersten Fall, den ich injizierte, hat Haslinger anläßlich einer Diskussionsbemerkung in der Gesellschaft der Ärzte in Wien referiert.

Bei einem Patienten trat nach Prostatektomie eine vollkommene reflektorische Anurie auf. Euphyllin, subcutane Kochsalzinfusion etc. waren ohne Erfolg. 48 Stunden nach Einsetzen der Anurie wurde eine paravertebrale Injektion in D 11, D 12, L 1 und L 2 bilateral ausgeführt. Injiziert wurden je 5 cm^3 $^1/_2$% Novokain-Adrenalinlösung. 4 Stunden post injectionem wurde Harn abgesondert. Nach 24 Stunden betrug die Harnmenge 2600 cm^3.

Allerdings muß bemerkt werden, daß bald nach der Injektion ein Kollaps auftrat. Das erklärt sich aus den vielfachen Injektionen an einem sehr geschwächten Patienten. Schließlich hätte ja eine vielleicht nur einseitig vorgenommene Injektion in D 12 und L 1 genügt. Merkwürdig ist, daß es erst 4 Stunden nach der Injektion zur Harnausscheidung kam. Es wäre möglich, daß es auch nach der paravertebralen Injektion zu einer hochgradigen Blutdrucksenkung kam, wodurch eine Hyperaemie der Därme entstand. Hiefür spräche in unserem Falle auch der Kollaps. Nach Ansteigen des Blutdruckes kam es dann erst zur Harnausscheidung. Vielleicht könnte in diesen Fällen auch ein stärkerer Adrenalinzusatz frühere Harnausscheidung veranlassen. Über diesen Fall wird übrigens Haslinger noch ausführlich berichten.

Den zweiten Patienten mit reflektorischer Anurie hatte ich im Juli 1925 zu beobachten Gelegenheit. Seine Krankengeschichte folgt im Auszuge:

58jähriger Mann. Vor 3 Jahren Erbrechen. Kolikartige Schmerzen unter dem rechten Rippenbogen. Dauer 1 bis 2 Stunden. Diese Zustände treten dreimal im Jahre auf. Kein Ikterus. Vor 2 Jahren wurden die Anfälle stärker. Nun beginnt auch Gelbfärbung. Vor 14 Tagen, nach heftigen Anfällen und abermaligem Ikterus Gallensteinabgang durch den Stuhl.

Am 11. Juli treten nach einem Diätfehler Schmerzen, Fieber und Schüttelfrost auf. Nach 3 Tagen Besserung. Am 15. Juli entleert der Patient nur 30 cm³ Harn. Am 16. Juli nur einige Kubikzentimeter.

Am 17. Juli ist der Katheterismus ohne Erfolg. Um 3 Uhr nachmittags am 17. Juli wird eine doppelseitige paravertebrale Injektion bei D 12 und L 1 ausgeführt. Um 4 Uhr nachmittags einige Tropfen Harn spontan. Da sich das Bild verschlechtert, wird auch noch Euphyllin injiziert.

Am 18. Juli früh uriniert der Patient spontan 50 cm³. Innerhalb der nächsten Tage steigt dann die Harnmenge zu normalen Werten an.

Dieser Fall ist leider nicht ganz klar. Schon deshalb nicht, weil wieder mehrere Stunden verstrichen sind, bis Harnentleerung auftrat, hauptsächlich aber deshalb, weil vielleicht die Euphyllingabe zum Erfolg beigetragen hat, vielleicht sogar ausschlaggebend gewesen sein kann. Dieselbe wurde verabreicht, weil der Patient zusehends verfiel und man eines klaren therapeutischen Versuches wegen natürlich nicht Schaden stiften wollte.

Nun berichtet in seiner letzten Arbeit auch Laewen über ähnliche Versuche, durch paravertebrale Injektion bei D 12 und L 1 die gestörte Funktion der geschädigten Niere wieder in Ordnung zu bringen. Laewen begründet diesen Vorgang mit der Überlegung, daß die Blutung bei einer in paravertebraler Anästhesie ausgeführten Operation stärker ist, als bei einer Narkoseoperation. Die paravertebrale Injektion führe auch zu einer Lähmung der Vasokonstriktoren. Und so könne also auch durch diese Injektion das kapilläre Stromgebiet der Niere erweitert werden.

In einem Falle von akuter Glomerulonephritis mit geringen Urinmengen und Oedemen, bei dem Wiedhopf eine doppelseitige Ausschaltung von D 12 und L 1 vornahm, steigerte sich von der folgenden Nacht an die Diurese wieder. Bei einem Kranken, bei dem die Prostatektomie vorgenommen worden war, traten einige Tage nach der Operation Symptome, wie motorische Unruhe und eine eigentümliche gaumige Sprache auf, die auf eine einsetzende Niereninsuffizienz hindeuteten. Nach der paravertebralen, doppelseitig vorgenommenen Nierenausschaltung gingen diese Symptome rasch zurück.

In anderen Fällen Laewens blieb aber das Verfahren ohne Wirkung. Harnmenge und spezifisches Gewicht änderten sich nach der paravertebralen Injektion nicht.

Nach diesen Berichten, wie auch wegen der theoretischen Fundierung der Methode erscheint jedenfalls die paravertebrale Injektion wert, in den therapeutischen Schatz gegen die reflektorische Anurie und ähnliche Zustände aufgenommen zu werden.

β. Postoperative Adhäsionen

Kappis und Gerlach haben erwähnt, daß sich ihnen in einigen Fällen von Adhäsionsbeschwerden nach operativen Eingriffen die paravertebrale Injektion aus differentialdiagnostischen Gründen bewährt hat.

Wir haben nun versucht, Adhäsionsbeschwerden nach Operationen dauernd durch die paravertebrale Injektion zu beeinflussen bzw. abzuwarten, auf wie lange solche Beschwerden durch die paravertebrale Injektion beeinflußt werden können.

Zunächst seien einige Krankengeschichten unserer Fälle kurz mitgeteilt.

Patientin, 24j. 1. Oktober 1924. Seit Frühjahr 1923 unbestimmte Magenbeschwerden. Rö.: Θ. April 1924 laparotomiert. Kein Ulcus. Apicitis. Tuberkulosen-Heilanstalt Alland — keine Besserung. Rö.: Θ. Adhäsionsbeschwerden im Bereich der Lap. Narbe. — Paravertebrale Injektion D 6 bis D 8 bilateral. Bedeutende Besserung nach der Injektion mehrere Wochen anhaltend.

Patientin 26j. Spastischer Ileus. 1922 Gallenblasenoperation. Pylorus und Duod. waren frei. Auch Gallenblasenwand nur wenig verändert. Keine Steine. Trotzdem Cholecystektomie. Mitte November 1923 starke Schmerzen im linken Unterbauch. Schmerzanfall mit Erbrechen grünlicher, stinkender Massen. Die Anfälle gehen zur Zeit des Aufenthaltes an der Klinik vom linken Unterbauch aus und strahlen gegen den Nabel aus. Hier tastet man auch eine leichte Resistenz, die mit der Operationsnarbe zusammenzuhängen scheint. Im linken Unterbauch zur Zeit des Schmerzanfalles eine gesteifte Darmschlinge tastbar. 27. Dezember Operation. Keine Darmveränderung im Bereiche des genau abgesuchten Dünndarmes. Hingegen wechseln ca. 15 cm lange, normale Darmteile mit ebensolchen schlaffen, dilatierten. Spasmen intraop. (Narkose) nicht gefunden. Magen und Duoden auch frei. Flex. sigm. lang. Zweiter Aufenthalt April 1924. Nach der ersten Operation gebessert. Vor 2 Tagen ganz plötzlich Kreuzschmerzen und Bauchschmerzen. Erbrechen. Temp. 39°. Dann wieder gut. Dann wieder derselbe Zustand. Objekt: Θ. Wahrscheinlich Adhäsionsbeschwerden. Paravertebrale Injektion ohne Erfolg.

Patientin, 42j. Stat. post resectionem ventriculi. Auf die angebliche Diagnose Adhäsiones peritonei und Gastroptose wurde in anderer Station eine Resectio ventric. und Anastomose am 27. Februar 1924 vorgenommen.

Zweite Operation am 19. April 1924 wegen wiederholten Erbrechens gleich nach der Nahrungsaufnahme. Anlegung einer G. E. a. a. und Lösung von Adhäsionen. 3 Wochen nach der Operation wieder Erbrechen fast nach jeder Mahlzeit bis auf den heutigen Tag (19. Oktober 1924). Schmerzen im linken Epigastrium, ausstrahlend gegen den linken Unterbauch. Chronische Obstipation. Dunkle Stühle. Abd.-Bef.: o. B. Ges. Ac.: 14. — Freie HCl: θ. Paravertebrale Injektion D 6, D 7 beiderseits. Erbrechen und Schmerz hält an.

Neuerliche Op. (Mandl); erst nach einer Stunde gelingt es, durch die derben Adhäsionen an den Magen zu gelangen. Der Magenstumpf, ebenso wie Dickdarm und Dünndarm sind von fibrösen Hüllen eingeschlossen. Abpräparieren der Dünndarmschlingen von der vorderen Bauchwand mit der sie verwachsen sind und scheinbar stenosiert werden. Ulcera nicht zu finden. Öleingießung. Am 21. November gebessert entlassen.

Die paravertebrale Injektion hat sich also bei hochgradigen Adhäsionsbeschwerden als Therapeutikum nicht bewährt. Vor allem hat sie bei 2 Fällen von allem Anfang an versagt, wahrscheinlich deshalb, weil die Adhäsionen in viel größerem Umfange vorhanden waren, als Segmente durch die paravertebrale Injektion blockiert wurden. Es wären also ausgedehnte Ausschaltungen von sehr vielen Rami communicantes notwendig. In den Fällen, wo es sich um Verwachsungen des Peritoneum parietale mit dem Peritoneum viscerale handelt, müßten außerdem die Intercostal- und Lumbalnerven ausgeschaltet werden, welche das vordere Bauchfellblatt sensibel versorgen. Die Aussicht, bei postoperativen Adhäsionen mit der paravertebralen Injektion etwas zu leisten, bleibt nur auf die Fälle beschränkt, bei welchen die Verwachsungen auf kleine circumskripte Bereiche beschränkt bleiben.

Als Beispiel hiefür diene folgender Fall der Klinik Hochenegg:

Anton L., 40j., wurde vor einem Jahre cholecystektomiert. Im Laufe der letzten Monate stellten sich wieder Beschwerden ein, die als Adhäsionsschmerzen gedeutet wurden. Steine in den tiefen Gallenwegen konnten ausgeschlossen werden. Das Röntgenbild sprach von periduodenalen Adhäsionen und leichter Stenosierung des Duodenum an der Flexur. Es wurde nun links D 7 und rechts D 6 bis 8 paravertebral injiziert.

Sofort nach der Injektion verschwanden die Schmerzen, und der Patient fühlt sich bis heute, ca. 12 Wochen nach der Injektion, noch vollkommen gesund.

Es sollte nach dieser Erfahrung eigentlich in jedem diesbezüglichen Falle die paravertebrale Injektion versucht werden.

7. Einwirkung der paravertebralen Injektion auf die Motilität und Sekretion des Magens und praktische Folgerungen

Die Vorstellungen über die Sekretionsverhältnisse und die Motilität des Magens sind selbst auf Grund der bisher vorliegenden sehr umfangreichen Studien noch keinesfalls geklärt. Auch über die Beziehungen dieser Funktionen zu den in Betracht kommenden nervösen Gebilden herrscht noch nicht vollkommene Klarheit. Vagus und Splanchnicus beeinflussen die Motilität der Verdauungsorgane zweifellos im antagonistischem Sinne. Der Vagus regt die Magenperistaltik an, Splanchnicusreizung stellt Magen und Dünndarm ruhig.

Hess und Faltitschek sind nun darangegangen, Sekretions- und Motilitätsverhältnisse des Magens nach Ausschaltung der sympathischen Einflüsse, wie sie nach der paravertebralen Injektion als sicher angenommen werden können, zu studieren.

Im folgenden soll an Hand der Krankengeschichten dieser Autoren gezeigt werden, in welchem Sinne die paravertebrale Injektion auf die Sekretion und Motilität des Magens wirkt.

Aus einer größeren Reihe von Beispielen sei je ein charakteristischer Fall herausgehoben und zitiert:

Josef H., 22j., Monteur. Als Kind Diphtherie, Tracheotomie, vor 2 Jahren Grippe. Seit einem halben Jahr Schmerzen und Gefühl von Völle nach dem Essen in der Magengegend, kein Erbrechen, seit der Erkrankung hartnäckige Obstipation. Status: Kräftiger Patient. Keine Anhaltspunkte für einen Geschwürprozeß im Magen-Darmtrakt. Auch sonst normaler Organbefund. Diastase der Musculi recti abdom. Beiderseitiger offener Leistenkanal, Magenausheberung. Nüchtern: 0; 40 Minuten p. c.: Freie HCl 27, G. A. 45. 2 Tage später Wiederholung der Magenausheberung unter gleichen Bedingungen. Ergebnis. Nüchtern: 0, 40 Minuten p. c.: Freie HCl 25, G. A. 46.

Nach weiteren 2 Tagen paravertebrale Injektion von 5 cm^3 $1^0/_0$ N. S. in der Höhe D 7 r. Magenausheberung. Nüchtern: 0, 40 Minuten p. c.: Freie HCl 40, G. A. 53.

4 Tage später Wiederholung der Injektion an demselben Segment und Ausheberung. Ergebnis. Nüchtern: 0, 40 Minuten p. c.: Freie HCl 41, G. A. 52.

Kontrolluntersuchungen durch Injektion von 5 cm^3 physiologischer Kochsalzlösung paravertebral in der Höhe des obgenannten Segmentes ergeben: Nüchtern: 0, 40 Minuten p. c.: Freie HCl 27, G. A 46.

Dieser Fall aus der großen Reihe der Versuche von Hess und Faltitschek zeigt, daß die paravertebrale Injektion, in der Höhe des 7. und 8. Dorsalsegmentes rechts ausgeführt, einen erheblichen Anstieg der Aziditätswerte zur Folge hat.

In Kontrollversuchen haben sich die Autoren überzeugt: 1. daß indifferente Lösungen, in das gleiche Gebiet und unter gleichen Bedingungen appliziert, die Aziditätswerte unbeeinflußt lassen, 2. daß die Injektion des gleichen Pharmakons an beliebiger anderer Stelle ebenfalls ohne Einfluß auf die Aziditätswerte bleibt.

Als Beispiel aus der Reihe der Fälle, bei denen das motorische Verhalten nach der paravertebralen Injektion geprüft wurde, sei folgende Krankengeschichte herausgegriffen:

Josef H., 21j. Arbeiter. In der Familie des Patienten Tuberkulose. Vor anderthalb Jahren zum ersten Male heftige, in den Unterbauch ausstrahlende krampfartige Schmerzen in der Magengegend, unmittelbar nach dem Mittagessen. In der Folgezeit Wiederholung dieser Schmerzattacken, auch während der Nacht, unabhängig von der Nahrungsaufnahme. Nach ärztlicher Behandlung sistieren die Beschwerden durch einige Monate. Seit

3 Wochen abermals gehäuftes Auftreten der Schmerzen, zeitweise Erbrechen, nie Ikterus, hartnäckige Obstipation, starker Raucher, mäßiger Trinker, venerische Affektionen negiert. Status: Mittelkräftiges Individuum. Auf der Vorderseite der Brust in beiden Axillen und in der unteren Lumbalgegend depigmentierte Hautstellen (Vitiligo). Fazialisphänomen beiderseits positiv, Rachen- und Konjunktivalreflexe fehlen, lebhafte Sehnenreflexe. Tremor der Hände und der Zunge. Normaler Lungen- und Herzbefund. Leber und Milz in normalen Grenzen, das Abdomen nirgends druckempfindlich, keine circumscripte Muskelspannung, Sanguis im Stuhl: negativ.

Magenausheberung. Nüchtern: 15 cm³ Flüssigkeit, ohne Beimengungen. Freie HCl 56, G. A. 72. 40 Minuten p. c. 80 cm³ gut verdauter Massen. Freie HCl 78, G. A. 91.

2 Tage später paravertebrale Injektion von je 6 cm³ 1% N. S. Lösung D 7, D 8 r. Magenausheberung. Nüchtern: 0. 40 Minuten p. c. 40 cm³ gutverdauter Massen. Freie HCl 82, G. A. 100.

Die nach 3 Tagen vorgenommene Kontrolluntersuchung durch Injektion von je 6 cm³ physiologischer Kochsalzlösung ergibt: Nüchtern: 12 cm³ Flüssigkeit ohne Beimengungen. Freie HCl 55, G. A. 71.

Radiologischer Befund (ohne Injektion): Magen von normaler Größe, Form und Lage. Der tiefste Punkt etwas unter dem Niveau der Crista iliaca, keine anatomischen Wandveränderungen. Nach 10 Minuten hat sich der Inhalt sedimentiert, aus dem Magen hat sich nichts entleert. Nach 20 Minuten hat ein großer Teil der Kontrastmahlzeit den Magen verlassen, 10 Minuten später befindet sich im Magen nur noch ein kleiner Rest. — Radiologischer Befund (nach Injektion): Rasches Sedimentieren des Inhaltes, tiefe Peristaltik. Nach 10 Minuten nur noch ein kleiner Rest im Magen. Nach weiteren 10 Minuten ist außer einem schmalen Wandbelag an der gezackten großen Kurvatur von einem Mageninhalt nichts mehr zu sehen.

Gleichzeitig mit dem Anstieg der motorischen Tätigkeit beobachteten Hess und Faltitschek ferner bei ihren Kranken eine Erhöhung der Säurewerte, der Gesamtazidität sowohl als auch der freien Salzsäure. Der Grund hiefür könnte gesucht werden: 1. in einer Ausschaltung hemmender Fasern, die im Splanchnicus verlaufen; 2. in einer Übererregung des die Sekretion fördernden Vagus; 3. in einer Übererregung der in der Magenwand gelegenen nervösen Elemente. Da die Hypermotilität des Magens der Kranken auf Splanchnicuslähmung zurückgeführt wurde, so wird auch die Steigerung der Sekretion der Ausschaltung des Splanchnicus zugeschrieben.

Was die Sekretionsverhältnisse anbelangt, haben wir die Ergebnisse von Hess und Faltitschek an 2 Fällen nachprüfen können und gefunden, daß auch in unseren Fällen die Aziditätswerte nach paravertebraler Injektion in D 6 und D 7 anstiegen.

Pat. K. vor der paravertebralen Injektion freie H Cl 17, G. A. 30 bis 40
nach ,, ,, ,, ,, ,, 30, ,, ,, 50 ,, 60

Die gesteigerte Motilität findet sich nach unseren Erfahrungen nicht nur im Bereiche des Magens, sondern auch im Bereiche des Dünndarmes und Dickdarmes. Wir konnten dieselbe bei einem Falle von Adhäsionsbeschwerden nach wiederholten Laparotomien bei einem 23jährigen Mädchen genau verfolgen.

Es wäre nun möglich, diese Ergebnisse praktisch zu verwerten. Die paravertebrale Injektion könnte also bei Kranken mit verminderter Säureproduktion angewendet werden. Leider geht aus den bisherigen Untersuchungen noch nicht hervor, auf wie lange Zeit die Säurewerte steigen.

Was die praktische Verwertung der erhöhten Magenmotilität nach paravertebraler Injektion für unsere Kranken anbelangt, so lagen diesbezüglich klinische Beobachtungen bereits für den **Pylorospasmus der Säuglinge** vor den Mitteilungen von Hess und Faltitschek vor. Tetzner ließ von mir bei 4 Säuglingen des Karolinen-Kinderspitales in Wien wegen Pylorospasmus die paravertebrale Injektion ausführen.

Hans K., 14 Wochen alt, wurde am 25. November 1924 von D 6 bis D 8 bilat. je 5 cm^3 $^1/_4$% Tutokainlösung injiziert. Die Injektion wurde anstandslos vertragen. Das Kind hatte bis zu diesem Tage ununterbrochen jede Mahlzeit durch längere Zeit hindurch wieder erbrochen.

Vom 25. bis 27. November erbrach das Kind nicht mehr. Dann kam der alte Zustand wieder. Auf neuerliche Injektion wieder Besserung. Am 19. Dezember wurde die Injektion wegen eines Rückfalles abermals wiederholt (je 5 cm^3 einer $^1/_4$% Tutokainlösung). Wiederum trat eine Besserung des Zustandes für längere Zeit und schließlich Heilung ein. Das Kind wurde von Tetzner in der Wiener Gesellschaft der Ärzte demonstriert.

In 3 weiteren Fällen brachte aber das Verfahren beim Pylorospasmus der Säuglinge keinen nennenswerten Erfolg.

Jedenfalls erscheint aber das Verfahren des Ausbaues und der Nachprüfung wert.

Wie können wir uns den Erfolg bei diesem Krankheitsbild vorstellen? Die Röntgenuntersuchungen nach paravertebraler Injektion haben gezeigt, daß — entsprechend der Sympathicuslähmung nach der Injektion — die Magenmotilität erhöht wird, der Pylorus sich öffnet und den Speisebrei rascher austreten läßt. Diese Wirkung dürfte also auch den Pylorospasmus der Säuglinge günstig beeinflussen. Jedenfalls ist die Methode theoretisch begründet.

Klee hat in Versuchen an Katzen gefunden, daß Reizung des Splanchnicus den Magen zur Erschlaffung bringt, ausgenommen den Sphinkter pylori; dieser letztere verharrt im Gegenteil während der ganzen Dauer der Reizung im Zustande der Kontraktion. Es vermag also der an den Magen von außen herantretende sympathische Nerv die autonome Motilität in spezifischer Weise zu modifizieren.

Schließlich haben dasselbe, was wir beim Pylorospasmus angestrebt haben, Hess und Faltitschek in ihren Experimenten erreicht.

Der Effekt ihrer Injektion ist also dem Effekt der experimentellen Splanchnicusreizung direkt entgegengesetzt. Die paravertebrale Injektion ist mit Splanchnicuslähmung identisch. Es stimmen also Klinik und Experiment hier überein.

Daß es in 3 Fällen zu keinem nennenswerten Erfolg mit der Injektion kam, kann auch in der schwierigen Technik begründet sein, eine paravertebrale Injektion bei einem Säugling auszuführen. Die Querfortsätze und Rippenwinkel sind hier noch ganz weich und dadurch entfällt für die Nadel mit dem knöchernen Widerstand der richtige Wegweiser in die Gegend der Rami communicantes. Es ist also ein rein technischer Fehler in diesen Fällen nicht ganz von der Hand zu weisen.

Es könnte anderseits angenommen werden, daß die paravertebrale Injektion nur bei ganz bestimmten Formen des Pylorospasmus wirkt, von dem z. B. Finkelstein annimmt, daß ätiologisch 3 verschiedene Grundformen vorliegen können: 1. eine primäre stenosierende Hypertrophie als organische Mißbildung des Pylorus, 2. ein primärer Pylorospasmus und eine sekundäre Arbeitshypertrophie der Muskulatur, 3. ein Spasmus im primär hypertrophischen Pylorus.

Bei Erwachsenen könnte man aber die paravertebrale Injektion bei einer schweren postoperativen Magendilatation anwenden, wenn die üblichen Mittel (Magenausheberung, Lagewechsel nach Schnitzler) nicht zum Ziele geführt haben. Es müßte sich in diesen Fällen aber um eine Erschlaffung des Magens handeln (wie z. B. nach der durch Narkose bedingten postoperativen Magendilatation), nicht etwa um ein Erbrechen, das durch einen Spasmus an der Anastomosenstelle bedingt ist.

8. Versuch der Beeinflussung gastrischer tabischer Krisen mittels der paravertebralen Injektion

Das Symptomenbild der gastrischen Krisen ist kein einheitliches. Nach Pal (Gefäßkrisen, Leipzig, Verlag Hirzel 1905) gibt es 1. wirkliche gastrische Krisen, d. h. Krisen, in welchen Erscheinungen nur von Seite des Magens dominieren. Diese sind Magenkontraktionen mit mehr oder weniger schmerzhaftem Erbrechen oder auch nur Magensaftfluß. Die Störung ist also motorisch-sekretorischer Natur, 2. gibt es lanzinierende, blitzartige abdominelle Schmerzzustände, nach Pal eine Analogie der Beinkrisen. Sie verlaufen meist mit Anorexie und Erbrechen. Oft sind sie Vorläufer der wirklichen gastrischen Krisen. Schließlich gibt es abdominelle Gefäßkrisen, die im Anfall Drucksteigerung, Darmstillstand, Bauch- und epigastrische Schmerzen bei fehlender oder bestehender Druckempfindlichkeit mit oder ohne Sensibilitätsstörungen zeigen.

Von anderen Forschern wird das reichhaltige Symptomenbild nach anderen Gesichtspunkten geschieden. Fournier teilt die Fälle ein: 1. in solche, in welchen Erbrechen allein, 2. in solche, in welchen nur Gastralgien, 3. in solche, bei denen Magenkoliken — die große gastrische Krise — und 4. in solche, bei denen nur Anorexie besteht.

Im allgemeinen handelt es sich also um pathologische sensible, motorische und sekretorische Erscheinungen, die in den verschiedensten Kombinationen und Variationen auftreten können.

Für unsere Betrachtung am wichtigsten sind die Magenkrisen, d. s. anfallsweise auftretende Schmerzen, die meist in das Epigastrium lokalisiert werden, und bei denen man Steigerung der Bauchdeckenreflexe und Steigerung der Sensibilität findet. Sie gehen mit Erbrechen, Singultus und massenhafter Schleimsekretion einher.

Nach Förster und Küttner gehen die Schmerzen dem Erbrechen voraus. „Die Hyperästhesie der Magenschleimhaut ist das erste Zeichen der drohenden und das letzte Zeichen der schwindenden Krise.“ Auch die Hyperästhesie der Haut und die Steigerung der Bauchdeckenreflexe sind schon vor dem Erbrechen vorhanden. Dadurch ist die tabische Krise vom Erbrechen aus anderen Ursachen charakterisiert.

Ich habe das Symptomenbild etwas genauer geschildert, da es möglich ist, daß nicht alle Erscheinungen, die bei den tabischen Krisen beobachtet werden, immer auf denselben Bahnen geleitet bzw. von denselben Nerven veranlaßt werden.

Es frägt sich nun, auf welchen Bahnen diese schmerzhaften Zustände bei gastrischen Krisen geleitet werden. Ich beziehe mich bei historischer Darlegung dieses Kapitels auf Pals Werk.

Duchenne schrieb bereits dem Sympathicus eine wesentliche Rolle in den tabischen Erscheinungen zu. Inzwischen ist durch eine Epoche physiologischer und pathologischer Experimentalarbeit die Bedeutung des Sympathicus als Gefäßnervenbahn aufgedeckt worden. Trotzdem hat die Beziehung des Sympathicus zur Tabes und das Verhalten der Gefäße im Verlauf derselben die Aufmerksamkeit nur wenig auf sich gelenkt. Eine Erklärung findet dies zum Teil wenigstens darin, daß namhafte Forscher den Sympathicus anatomisch normal gefunden hatten und dadurch von weiteren Untersuchungen ablenkten.

Der einzige, der diesen Fragen näher getreten ist, war Pierret (zit.). Pierret hat auf Grund von anatomischen Untersuchungen bei Tabikern die Zentren des Sympathicus in den Tractus intermedio-lateralis verlegt. Unter seiner Leitung hat Putnam (1882) die vasomotorischen Erscheinungen der Tabes in einer These einer monographischen Bearbeitung unterzogen. In dieser Monographie schildert Putnam als vasomotorische Störungen hauptsächlich den Speichelfluß, den Magensaftfluß, die Diarrhöe und das abnorme Schwitzen.

Pal selbst ist auf Grund von klinischen Beobachtungen zu dem Schluß gekommen, daß es eine bestimmte Gruppe tabischer Krisen gibt, bei welchen es sich nicht um einen primären Reiz des Solargeflechtes handelt, sondern daß das primäre Moment vasomotorische Vorgänge sind.

Förster und Küttner stellen sich die Innervationsvorgänge bei diesem Krankheitsbild nach folgenden Gesichtspunkten vor:

Nach Head führt die 7. bis 9. Dorsalwurzel die sensiblen Sympathicusfasern. Auch der Vagus soll angeblich sensible Fasern enthalten. Alles spricht dafür (Bauchdeckenreflexe, Hyperästhesie der Haut), daß aber vor allem das 7. bis 9. D-Segment des Sympathicus an dem Zustand Schuld tragen.

Die Krise ist also auf eine pathologische Reizung der die 7. bis 9. hintere Dorsalis passierenden Sympathicusfasern zu beziehen, und zwar ist diese Reizung innerhalb der Wurzelfasern selbst gelegen.

Förster und Küttner halten es nicht für ausgeschlossen, daß auch Krisen durch Reizung von Vagusfasern entstehen können. In diesen Fällen dürfte aber Hyperästhesie im Gebiet der Dorsalwurzeln und Erhöhung der Bauchdeckenreflexe nicht vorhanden sein.

Nach Head wären da Hyperästhesien am Schädel zu erwarten, weil die sensiblen Trigeminusfasern dieser Zonen mit den sensiblen Vagusfasern des Magens dieselben bulbocervicalen Segmente einnehmen. — Von Seiten des Vagus müßten auch Herzsymptome zu erwarten sein.

Förster und Küttner haben nun als Operationsmethode die Resektion der hinteren Wurzeln von D 7 bis D 9 vorgeschlagen. Selbst unter der Voraussetzung, daß der irritative Prozeß in den sensiblen Nervenfasern des Magens selbst gelegen sein sollte, also in den peripheren sympathischen Fasern des Plexus coeliacus, im N. splanchnicus oder in den Rami communicantes, so würde doch durch die Resektion der genannten Wurzeln die Reizquelle vom C. N. S. abgetrennt werden, und füglich müßten die sensiblen und damit auch die motorischen und sekretorischen Reizerscheinungen wegfallen. Wenn anderseits der krankhafte Irritationsprozeß zentral, also in den die Fortsetzung der sensiblen Magennerven bildenden aufsteigenden Hinterstrangfasern gelegen sein sollte, so würden diese durch die Resektion der 7. bis 9. hinteren Wurzeln von ihren Spinalganglien abgetrennt werden und der Degeneration verfallen. Es würden also auch so die Reizerscheinungen wegfallen.

In einem Falle Försters, bei dem die 7. bis 10. Dorsal-Wurzel reseziert wurde, hielt der Erfolg durch ein Jahr an.

Soweit ein Überblick über die herrschenden Ansichten.

Besteht nun die Meinung Pals zu Recht (vasomotorische Einflüsse), dann könnte die paravertebrale Injektion, die den Sympathicus blockiert und auch die Gefäße beeinflußt, bei dieser Krankheit Nutzen schaffen. Ebenso dann, wenn die hinteren Wurzeln bei ihrem Austritt aus dem Wirbelkanal durch die paravertebrale Injektion im Sinne des Operationsplanes von Förster und Küttner getroffen werden könnten (s. o.). Nun soll aber vorausgeschickt sein, daß diese Operation in vielen Fällen nicht zu den gewünschten Erfolgen geführt hat. Nach Brünning und Stahl muß mit 40% Mißerfolgen oder Recidiven gerechnet werden, und so hat auch diese Operation keine allgemeine Anerkennung gefunden. Außerdem mußten oft bedeutend mehr Wurzeln reseziert werden, als der Innervation des Magens entsprechen.

Es muß weiters bei allen therapeutischen Eingriffen bedacht werden, daß bei den in verschieden langen, in Intervallen auftretenden gastrischen Krisen eine Beurteilung der therapeutischen Mittel sehr schwierig ist, weil diese Intervalle natürlich auch verschieden lang sein können und man leicht in Versuchung kommen kann, eine ganz spontane Besserung einer bestimmten Therapie zuzuschreiben.

Wichtig für die durch die paravertebrale Injektion versuchte Therapie ist weiter, daß Förster zwischen 2 klinischen Formen der gastrischen Krisen unterscheiden will. Die eine geht mit kolikartigen Schmerzen,

Hyperästhesie des Bauches, Rückens und der Thoraxhaut, Steigerung der Bauchdeckenreflexe, Erbrechen und Hypersekretion einher. Die zweite Form mit quälender Nausea ohne sensible Reizerscheinungen. Für die erste Form macht Förster Sympathicusreizung, für die zweite Form Vagusreizung verantwortlich. Sollte dieser Schluß zutreffen, dann kämen für die erfolgreiche paravertebrale Injektion natürlich nur diejenigen Fälle in Betracht, bei welchen es sich um eine Ausschaltung einer Sympathicusreizung handelt.

Ich habe bei 14 Fällen von gastrischen Krisen paravertebrale Injektionen ausgeführt. Zumeist bilateral im 6. bis 8. Dorsalsegment. Es soll gleich vorausgeschickt werden, daß die Dauererfolge sehr unbedeutende sind. Ein wirklich nachhaltiger Erfolg ist in unserer Reihe überhaupt nicht zu verzeichnen gewesen.

Bei einigen Patienten trat eine subjektive und objektive Besserung für kürzere oder längere Zeit ein, bei diesen kann aber mit Sicherheit nicht entschieden werden, ob es sich um das post hoc oder propter hoc handelt.

Bei einigen Patienten, die im Anfall injiziert wurden, konnte derselbe augenblicklich behoben werden. Dieses momentane Verschwinden der Schmerzen ist zweifellos der paravertebralen Injektion gutzuschreiben. Von Dauer war aber das Verschwinden der Erscheinungen in keinem Falle.

Einige interessante Fälle möchte ich genauer schildern:

Martin A. wurde wegen angeblichem Ulcus des Magens an einer anderen Station magenreseziert. Nach der Operation Verschlimmerung des Zustandes. Unerträgliche Schmerzen und Erbrechen. Exairese der Intercostalnerven D 6 bis D 10. Keine Besserung. Bilaterale paravertebrale Injektion D 6 bis D 9. Keine Besserung.

Ludwig L., 1919, erkrankt nach einem Brechdurchfall mit Aufstoßen, Erbrechen, Schmerzen im Oberbauch und Appetitlosigkeit. 1923 op.: Resectio ventric. an anderer Station. Im Hustenanfall am 6. Tag die Nähte gesprengt. Der Charakter des Leidens hat sich seit der Operation geändert. 4 Wochen beschwerdefrei alle Speisen vertragen, dann wieder Schmerzen im Oberbauch und oft Erbrechen galliger Massen. Dann einige Tage Ruhe. Lu.: positiv, Wasserm.: positiv. Ventralhernie faustgroß. Inhalt röntg. Kolon und Jejun.-Schlingen. Bei der Op. der Ventralhernie wird der Magen abgesucht und ein Ulcus nicht gefunden. Defekt der Pars pyl. und eines Teiles der Pars med. des Magens. Radik. Op. der Hernie. Anhaltende Beschwerden. Paravertebrale Injektion 6 bis 8 D bilat. vollkommen ohne Erfolg.

Mathilde L. (Abt. Prof. Pappenheim). Im Anfall von gastr. Krisen wird eine paravertebrale Injektion vorgenommen. D 5 und D 7 bilateral je 10 cm³ einer $^1/_2$% Novok.-Lösung. Der Anfall wurde kupiert. War einige Tage beschwerdefrei.

Julius S. (Abt. Pal). Vor 20 Jahren Lues. Quecksilber- und Salvarsankur. Mirioninjektionen. Seit 3 Monaten Erbrechen unabhängig von der Nahrungsaufnahme. Krämpfe im Bauch. Reflexe enorm gesteigert. Pupill. Refl. träge.

Wassermann positiv. Am 24. August 1925 wird eine paravertebrale Injektion vorgenommen. D 6 bis D 8 bilateral. Brechreiz hält an, aber die Schmerzen sind geschwunden. In den nächsten Tagen fühlt sich der Patient bedeutend wohler. Er wird ganz beschwerdenfrei am 1. September 1925 entlassen.

Erwin F., 34 Jahre alt. Luetische Infektion im Jahre 1913. Im Jahre 1915 und 1917 antiluetische Kuren. 1921 Beginn der Erscheinungen von gastrischen Krisen. Malariakur, Phlogetan- und Salvarsantherapie ohne Einfluß. Wassermann schwach positiv. Schmerzen und Erbrechen nehmen in letzter Zeit unerträgliche Formen an, und der Patient ist vollkommen heruntergekommen. Am 6. August 1925 paravertebrale Injektion. D 6 bis D 8 bilateral. Die Schmerzen werden um ein weniges besser, aber das Erbrechen hält an. Nach 2 Tagen besteht bereits dasselbe Bild wie vor der Injektion. Am 11. August 1925 Wiederholung der Injektion. D 5 bis D 9 bilateral. Knapp nach der Injektion fühlt sich der Patient wie „neugeboren". Die Besserung hält aber wieder nur ein bis zwei Tage an.

Es kam auch bei gewissen anderen Fällen zu einer Linderung der Schmerzen, das Erbrechen aber konnte fast nie beeinflußt werden.

Wir kommen bei einem Überblick über unsere Versuche zu dem Schluß, daß es bei den meisten Fällen von gastrischen Krisen der Tabiker nicht gelang, deutliche und länger dauernde Besserungen hervorzurufen, wenn auch augenblicklich Erfolge des öfteren erzielt werden konnten. Wurde im Anfall injiziert, konnte der Anfall manchmal kupiert werden.

Es bestünde die Möglichkeit, daß sich unsere Erfahrungen mit Ausdehnung der paravertebralen Injektion über mehr Segmente als sie der Mageninnervation entsprechen, bessern würden. Es ist aber auch in Erwägung zu ziehen, daß in manchen Krankheitsfällen die Leitung tatsächlich, wie schon oben von Förster angedeutet wurde, nicht über den Sympathicus verläuft. Jedenfalls werden wir weitere Versuche unternehmen und über dieselben wieder berichten.

9. Die therapeutische paravertebrale Injektion bei thoracalen Krankheitszuständen

a) Postoperative Lungenkomplikationen

In diesem Kapitel will ich vor allem erwähnen, daß Laewen die paravertebrale Injektion nach Gallenblasen-, Nieren- und Magenoperationen anwandte, um eine Schmerzlosigkeit zu erzielen und durch diese das Aushusten nach der Operation ermöglichen und so die postoperativen Lungenkomplikationen verhüten wollte.

Laewen hat schon in seiner ersten Publikation mitgeteilt, daß sich die paravertebrale Novokaininjektion an D 10 rechts mit Erfolg zur Bekämpfung postoperativer Schmerzen nach Eingriffen an der Gallenblase heranziehen ließ. Die Kranken konnten besser aushusten, wodurch postoperative Brochitiden verhindert oder zum rascheren Ablauf gebracht wurden. Laewen hat diese Versuche fortgesetzt und auch auf postoperative Schmerzzustände nach Operationen am Magen und der Niere ausgedehnt. Die Injektionen wurden in der Regel am Tage nach der Operation ausgeführt, und wenn nötig, in den nächsten Tagen wiederholt. Nach Gallenblasenoperationen (10 oder 5 cm³ 2⁰/₀ Novokain-Suprareninlösung an D 10 rechts) war der Erfolg immer der gewünschte. Die Kranken fühlten eine große Erleichterung, die Schmerzen in der Tiefe des Bauches oder im Rücken ließen nach. Das Aushusten ging leichter vonstatten. Die Kranken konnten Nachts schlafen. Das gleiche Resultat ließ sich in 3 Fällen nach Magenoperationen (Gastroenterostomie, Resection) erzielen, wenn am Tage nach der Operation die Injektion wiederholt wurde, die sich vor der Operation als wirksam erwiesen hatte. Das wurde zweimal durch Einspritzung an D 7 und D 8 rechts und einmal an D 7 und D 8 beiderseits erreicht. Dagegen blieb bei einer Gastrostomie die Injektion an D 7 und D 8 beiderseits völlig wirkungslos.

Besonderes Interesse verdient auch folgender Fall:

Eine ältere Frau mit Pylorusstenose (durch starke Adhäsionen nach früherer Cholecystektomie) und Gastroenterostomie bekommt eine Bronchopneumonie mit Dämpfung und Bronchialatmen rechts hinten und bis zum Angulus infer. scapulae. Es wird beabsichtigt, die Brustnerven auszuschalten, die sympathischen Fasern in die Rami pulmonales zu den Plexus pulmonales und in die Lunge zu senden. Aus den Tierversuchen von Bradford und Dean geht hervor, daß hauptsächlich der 3. bis 5. und in geringerem Grad der 6. bis 7. Brustnerv vasokonstriktorische Fasern für die Lunge enthalten. Es wurden dementsprechend bei der Frau je 7·5 cm³ Novokain-Suprareninlösung an D 4 bis D 6 rechts injiziert. Die Atmung wird darauf leichter. Die Schmerzen werden geringer und hören bald ganz auf, bis auf einen Schmerzrest, der in die Gegend des rechten Darmbeinkammes lokalisiert wird. Am nächsten Morgen ist die Patientin psychisch sehr günstig verändert. Sie fühlt sich ganz beschwerdefrei und hustet aus. Nach 4 Tagen sind wieder Schmerzen beim Atmen und eine Druckempfindlichkeit im 7., 8. und 9. rechten Intercostalraum vorhanden, die durch die Injektion an D 7 bis D 9 rechts für mehrere Stunden beseitigt werden. Heilung.

Wir haben aus dieser Indikation die paravertebrale Injektion nie ausgeführt. Bei den Lungenkomplikationen, die im Sinne einer Retentionspneumonie im Sinne Czernys entstehen, dürfte sich das Verfahren, obwohl es bei so einem Anlaß als ziemlich eingreifend bezeichnet werden muß, sicherlich bewähren, bei den anderen Schädlichkeiten, die nach unseren Erfahrungen bei den postoperativen Lungenkomplikationen aber die Hauptrolle spielen (Abkühlung, Durchwanderung), dürfte es ohne Wirkung sein.

b) Asthma bronchiale

Die Pathogenese des Asthma bronchiale ist noch nicht ganz geklärt. Es soll sich bei dieser Krankheit nicht allein um einen Krampf der Bronchialmuskulatur handeln, sondern gleichzeitig um eine Störung in der Selbststeuerung der Atmung, die sich schon häufig auch außerhalb der Anfälle in einer Veränderung der Atemkurve ausdrückt (Herzog zit.

nach Müller). Auch Schwellung der Bronchialschleimhaut und nervöse Zustände spielen bekanntlich eine große Rolle. Nach Regelsberger ist es wahrscheinlich, daß alle Formen von Asthma bronchiale — wie vielfach angenommen wird — aetiologisch als Neurosen anzusehen sind. In vielen Fällen soll die Innervationsstörung erst eine Folge gewisser katarrhalischer entzündlicher Schleimhautveränderungen darstellen, in anderen Fällen können Reizerscheinungen der Schleimhaut durch primäre Störungen der Innervation bedingt sein.

Fälle von rein nervös bedingtem Asthma bronchiale sind die, bei denen von verschiedenen Nervengebieten aus (Nase) ein Anfall ausgelöst werden kann. (Sexualasthma.) Vorbedingung aber für das Auftreten des Asthma bronchiale ist eine Übererregbarkeit der bronchokonstriktorischen Nervenapparate (Regelsberger).

Der für die Innervation in Betracht kommende Plexus pulmonalis anterior und posterior setzt sich aus sympathischen und parasympathischen Nervenfasern zusammen.

Reizung des peripheren Vagusendes soll Kontraktion der Bronchialmuskulatur und somit Verengerung der Bronchien hervorrufen. Der Vagus ist also als Bronchokonstriktor anzusehen. Pharmaka, die den Sympathicus erregen, führen infolge Erschlaffung der Muskulatur zur Erweiterung der Bronchien.

So kann also sowohl durch Adrenalin (Sympathicusreizung) als auch durch Atropin (Vaguslähmung) ein asthmatischer Anfall kupiert werden.

Die Sympathicusdurchschneidung, die in die Therapie des Asthma bronchiale von Kümmel sen. eingeführt wurde, bezweckt die Sympathicusunterbrechung, wobei aber betont werden muß, daß sympathische und parasympathische Fasern auf das innigste ineinandergreifen, so daß eine scharfe anatomische Trennung der beiden Systeme nicht möglich ist und durch so einen Eingriff eine Beeinflussung beider Systeme wahrscheinlich wird. In 3 Fällen von Kümmel trat ein Erfolg ein. Anderen hat sich die Operation nicht bewährt (Brünning, Jungmann).

Jüngst berichtet auch Böttner über 3 Fälle, bei welchen ein Erfolg ausgeblieben war. Die von Witzel und Kaess aufgestellte Asthmatheorie stimmt also nach diesen Resultaten nicht. Diese Autoren glauben nämlich, daß das vegetative Nervensystem einen Reflexbogen darstellt, dessen Schenkel beiderseitig im Atemzentrum zusammentreffen. Der Vagus bildet den efferenten, der Sympathicus den afferenten Schenkel. Die Ganglien sind als Blockstellen aufzufassen, die automatisch einen Teil der Reize ablehnen. Ein Übermaß von Reiz oder Störung der Regulation führt zum Bronchospasmus. Entfernt man mit der Sympathicusresektion die Hälfte aller reizzuführenden Bahnen, so kommt auch nur die Hälfte der gesamten Reizmenge, von der anderen Seite zugeführt, in den untereinander verbundenen Medullarzentren zur Verteilung auf die Vagi, und der Bronchospasmus tritt nicht auf.

Jedenfalls war daran zu denken, in einem geeigneten Falle von Asthma bronchiale die Sympathicusausschaltung durch die paravertebrale Injektion vorzunehmen, was von Professor Pal angeregt wurde. Die Injektion wurde bei D 1 bis D 3 bilateral ausgeführt und von der Patientin anstandslos vertragen. Es trat eine deutliche objektive Besserung ein.

Pal hat jüngst selbst über diesen Fall referiert, und ich lasse das Wichtigste aus seinen Ausführungen folgen:

„Da es sich um den Bronchialmuskelkrampf handelt, wäre es eigentlich zweifelhaft, ob wir die Blockierung des Sympathicus vornehmen sollen. Über die Innervation der Bronchialmuskeln wissen wir aus den Reizungsversuchen und toxikologischen Studien, daß die Bronchostriktoren im Sympathicus in den ersten Dorsalsegmenten verlaufen.

Theoretisch ist von der Ausschaltung des Sympathicus unter Umständen eher ein günstiger Effekt zu erwarten, wenn nur die Dilatatoren ausgeschaltet werden. Ganz anders ist die Sachlage, wenn wir die tonische Innervation der Bronchialmuskeln blockieren. Leider gehört das Bronchialasthma zu den Neurosen, bei welchen der Erfolg der Maßnahmen mit großer Vorsicht zu bewerten ist. Vielfach werden hier bei den an hartnäckigen asthmatischen Katarrhen leidenden Kranken Zustände als Anfallserscheinungen hingestellt, die objektiv nicht Asthmaanfälle sind...:“ „Es erscheint mir immerhin vorläufig zweifelhaft, ob die Blockierung der tonischen Innervation immer gelingt. Es ist möglich, daß durch die paravertebrale Injektion nur die Dilatatoren der Bronchialmuskeln getroffen werden. Die Erfahrungen auf diesem Gebiete sind jedenfalls noch unzureichend, um ein Urteil zu gestatten.“

Trotzdem ich nur einen Fall von Asthma bronchiale zu injizieren Gelegenheit hatte, scheint doch in manchen Fällen die Anwendung der paravertebralen Injektion bei diesem Leiden aussichtsvoll zu sein. Diesbezüglich verhält es sich bei diesem Leiden vielleicht ähnlich wie bei der Angina pectoris, wo auch nur eine ganz bestimmte, leider bisher aber noch nicht sichergestellte Gruppe von Patienten auf die Injektion günstig reagiert.

Pal hat schon angedeutet, daß bei Bewertung von Erfolgen oder Mißerfolgen bei der stark ausgeprägten nervösen Komponente dieses Leidens große Vorsicht am Platze ist.

10. Angina pectoris

Bei Besprechung dieses Kapitels halte ich mich großenteils an meine im Archiv für klinische Chirurgie 136 erschienene Arbeit, füge aber alle Fälle, die ich seither zu behandeln oder zu beobachten Gelegenheit hatte, hinzu.

Bevor ich auf das eigentliche Thema zu sprechen komme, erscheint es zweckmäßig, den Begriff „Angina pectoris“[1]) näher zu bestimmen. Die A. p. ist keine Krankheit, sondern der Name für einen Symptomenkomplex, der durch verschiedene Ursachen ausgelöst sein kann, und dessen

[1] A. p. = Angina pectoris.

hauptsächlichstes Kennzeichen durch Schmerzen über dem Herzen oder in dessen unmittelbarer Umgebung gegeben ist. Dieser Schmerz tritt meist anfallsweise auf und kann u. a. durch psychische Erregungen und thermische Veränderungen ausgelöst werden. Über die Grundlage dieser Erscheinungen sind sich Internisten und Pathologen noch wenig einig geworden, und es ist interessant, daß die noch später zu besprechenden operativen Maßnahmen und deren Erfolge die Anschauungen über die Ätiologie der A. p. wesentlich beeinflußt haben. Ursprünglich war der Ausdruck A. p. fast gleichbedeutend mit Sklerose der Coronargefäße. Wenckebach und Eppinger halten die A. p. entsprechend der Ansicht von Clifford-Albutt für ein von dem supravalvulären Aortenabschnitt ausgelöstes Krankheitsbild. Maßgebend für diese Anschauung war, daß sich neben den „widersprechenden anatomischen Befunden an Coronargefäßen und Herzmuskel in ungefähr allen Fällen" Veränderungen des besagten Aortenabschnittes fanden. Wenckebach sagt, daß dieser Nachweis nicht überall stattgefunden habe, weil man nicht an Ort und Stelle nach diesen Veränderungen suchte und nur den Coronargefäßen die Hauptaufmerksamkeit zuwandte. Nach ihm ruft alles, was die Herztätigkeit anregt (körperliche Anstrengung, gefüllter Magen, Kälte durch periphere Gefäßverengerung, psychische Aufregung), den Anfall hervor; alles was den Druck in der Aorta herabsetzt, bringt den Anfall zum Abklingen (Ruhe, Stuhlentleerung, Nitrite). Nach R. Schmidt ist die A. p. eine Aortalgie, die durch Atheromatose der Aorta ascendens bzw. des Arcus aortae hervorgerufen wird. Krehl spricht von einer Veränderung an der Aortenbasis in der Nähe der Mündungsstelle der Coronargefäße. Auch bei funktionellen Störungen an dieser Stelle käme es zum A. p.-Anfall. Nach Pal ist die A. p. eine angiospastische Krise im Bereiche der Coronargefäße und der Aortenwurzel. Die besondere Erregbarkeit dieses Abschnittes sei bei der A. p. durch sinnfällige Veränderungen (Mesaortitis, Arteriosklerose, Endocarditis der Aortenklappen) oder nur funktionell gegeben. Nach Danielopolu handelt es sich bei der A. p. um eine „ungenügende Durchblutung der Coronargefäße". Letzterer Begriff müsse den der „Coronarsclerose" ersetzen. Ortner scheidet zwischen Aortalgie und A. p. Im ersteren Falle liege eine isolierte Wanderkrankung der Aorta, im letzteren eine solche der Herzarterien und Nerven vor. Meist ließe sich diese Trennung auch klinisch vornehmen, wenn sich nicht beide Erkrankungen gleichzeitig vorfänden. Eine noch weitere Unterteilung dieses Symptomenbildes trifft Jagič. Es gäbe eine Coronarstenocardie mit anatomischen oder funktionellen Störungen der Coronararterien oder eine Kombination beider. Dann käme eine Aortalgie besonders bei Aortendehnung vor; weiters kann ein Herzdehnungsschmerz ebenso wie ein entzündlicher Prozeß im Herzmuskel, aber auch eine Pericarditis zu Herzschmerzen führen. Pharmakodynamisch sei eine Scheidung dieser Zustände oft möglich.

So herrscht also auf diesem Gebiet noch Unklarheit.

Da die chirurgische Therapie, sei sie causal oder symptomatisch, in Durchschneidung später noch zu erörternder Nervenbahnen bzw. Ausschaltung sympathischer Ganglien besteht, ist es notwendig, sich darüber klar zu werden, welche Nerven die in Betracht kommenden Organe sensibel versorgen oder aber diese Gebilde (Aorta und Coronargefäße) anderweitig beeinflussen.

Seit langem ist es bekannt, daß der Vagus der Hemmungsnerv des Herzens ist, daß der Sympathicus als Antagonist Förderung der Frequenz, Kontraktionsstärke, Reizbarkeit (Tschermak) zu besorgen hat. Durch Vagusreizung wird die Ansprechbarkeit des Herzens für Reizung herabgesetzt (Schiff), die Reizleitung vom Sinus zum Vorhof oder vom Vorhof zur Kammer verzögert. Der sympathische Accelerans fördert die Reizentstehung und damit die Sinusschlagzahl. Vagus und Accelerans werden von ihren Zentren dauernd in bestimmtem Tonus gehalten. Wird dieser durch Einwirkung auf Zentren oder Leitung durch irgendwelche Ursachen gestört, dann ändern sich Pulszahl und Blutdruck. Auch von den sensiblen Nerven aus kann der Tonus der Herznerven beeinflußt werden, wodurch hemmende oder fördernde Impulse zustande kommen (Edens).

Die Schmerzen, als das bei der A. p. hervorstechendste Symptom, können vom Herzen selbst oder aber von den Gefäßen (Aorta, Coronargefäße) ausgehen.

Das Herz kann man kneifen, stechen, brennen, ohne daß Schmerzen ausgelöst werden, und doch gibt es Herzschmerzen, die unerträglich sind (Bergmann). Ob es aber eine Schmerzempfindungsleitung vom Herzen zum Gehirn gibt, ist nach Tschermak nicht sicher. Der Nervus depressor, der in letzter Zeit vielfach als sensibler Herznerv angesprochen wird, kann nach diesem Forscher nicht mit Sicherheit als Reflex- und Empfindungsnerv des Herzens betrachtet werden. Hingegen haben vielleicht andere Vagus- oder Sympathicusäste diese Funktion. Allerdings gibt es nach L. R. Müller keine Kennzeichen, daß sensible Eindrücke vom Herzen durch den Vagus zum Gehirn geleitet werden. Es müßten also sympathische Bahnen derart wirken.

Brünning und Stahl meinen, daß die Mehrzahl der sensiblen Bahnen vom Herzen zum Sympathicus geht. Das würde auch die Irradiation von Schmerzen bei der A. p. in das Gebiet des 1. bis 4. Dorsalsegmentes erklären, insbesondere die in die Gegend des N. ulnaris. Die Schmerzbahn würde also vom Sympathicus zu den Rami communicantes verlaufen. (Siehe S. 88.)

Über die Sensibilität der Blutgefäße wissen wir mehr. Von den zahlreichen, aus therapeutischen Gründen vorgenommenen intravenösen Injektionen ist es bekannt, daß viele von ihnen, z. B. Silbersalze, Strophantin usw., ohne Schmerzen ertragen werden. Reizende Substanzen (Chlorbarium) rufen aber Schmerzen hervor (Fröhlich und H. H. Meyer). Bei den Operationen in Lokalanästhesie bemerken wir täglich, daß das Abklemmen und die Ligatur größerer Gefäße schmerzhaft empfunden wird, worauf in letzter Zeit besonders Odermatt hingewiesen hat.

Von den Gefäßen galt es bisher, daß der Sympathicus ihre Kontraktion, der Vagus ihre Dilatation verursacht.

Die Aorta wird sensibel vom Nervus depressor versorgt, dessen Reizung im Tierexperiment gleichzeitig zur Blutdrucksenkung und Pulsverlangsamung durch Einwirkung auf das Vasomotorenzentrum führen soll (Ludwig und Cyon). Auch für den Menschen wird die Funktion des Nervus depressor als Reflexnerv der Aorta und als deren Schutzventil gegenüber Dehnung bzw. gegenüber hohem Innendruck angenommen (Fuld). Seine engen Beziehungen zum Halssympathicus sind gleichfalls festgestellt (Kümmel jun.), und dadurch rückt auch letzterer in Beziehung zur Aortenwand. Jedenfalls finden sich im Anfangsteil der Aorta genügend viele sympathische Bahnen, die für die Schmerzleitung in Betracht kommen. Bemerkt muß aber werden, daß im Gegensatz zu anderen Arterien des Körpers die Coronargefäße wahrscheinlich ihre Konstriktoren vom Vagus, ihre Dilatatoren vom Sympathicus empfangen (Mass). Es wird weiter angenommen, daß die Herz- und Aortensensibilität über die Nervi cardiaci zu den Ganglien des Sympathicus ihren Weg nimmt, und zwar zu den drei Halsganglien und zum oberen Brustganglion.

Die therapeutischen Bestrebungen haben sich über die Theorie hinweggesetzt und sind so jedenfalls der Pathologie dieser Zustände näher gekommen als das Experiment. Getrübt aber wird der Einblick in diese Verhältnisse durch die unleugbare Tatsache, daß zwischen Sympathicus und Vagus die weitestgehenden Verbindungen bestehen.

Es muß jetzt ein Überblick über die Frage gegeben werden, auf welche Weise die Schmerzentstehung bei der A. p. zustande kommt.

Nach Brünning unterscheidet sich hinsichtlich seiner Entstehung der Herzschmerz nicht vom Kolikschmerz der Abdominalorgane, der ausschließlich auf sympathischen Bahnen fortgeleitet wird. Es würde sich also hier um einen Kontraktionsschmerz handeln. Nach Wenckebach hingegen ruft alles, was die Herztätigkeit anregt und den Widerstand in der Aorta erhöht, den Anfall hervor. Hiebei kommt es nicht nur auf den Druck, sondern auf Füllung und Dehnung der Aortenwand an. Deshalb wirkt auch alles, was den Druck in der Aorta herabsetzt, den Anfall kupierend. Eine ähnliche Ansicht bringt Odermatt vor, nach welchem der Gefäßschmerz auf starke Dehnung des periarteriellen Nervenplexus zurückzuführen ist. Aber auch die bloße Absperrung eines Muskelbereiches von der Blutversorgung durch anatomische oder funktionelle Gefäßveränderungen erweckt krankhafte Schmerzen. Typisch hierfür ist der Extremitätenschmerz beim intermittierenden Hinken. Auch diese Tatsache könnte ohne weiteres auf den A. p.-Schmerz übertragen werden.

Die Diagnose der A. p. ist, falls das Krankheitsbild vollkommen ausgeprägt ist, nicht schwer; daß aber die Symptomatologie der Erkrankung nicht immer ganz klar abläuft, beweist am besten die Mitteilung Eppingers, daß mehr als die Hälfte der Patienten, die Eppinger und Hofer zur Operation zugewiesen wurden, das Bild des Asthma cardiale darboten. Unter diesen Patienten fand sich auch einmal eine pericardiale Synechie, einmal eine totale Verwachsung zwischen Herz und Herzbeutel. Mehrere Eppinger zugewiesene Fälle hatten retrosternale Strumen. Kovacs hebt differentialdiagnostisch manche Typen mediastinaler Erkrankungen, weiter Oesophagusneurosen und Ulcera ventriculi hervor und verweist schließlich darauf, daß auch Pericarditis und Myocarditis zu A. p. ähnlichen Anfällen führen können.

Hervorgehoben soll hier werden, daß die in den linken Arm ausstrahlenden Schmerzen fälschlicherweise oft als Neuralgien gedeutet werden. Diese in den Arm ausstrahlenden Schmerzen kommen dadurch zustande, daß die den Herzventrikel innervierenden Sympathicusfasern mit den Spinalsegmenten, aus denen der linke Brachialplexus hervorgeht, in Zusammenhang stehen. Nach Head und Mackenzie handelt es sich um iradiierende Schmerzen, die auf sympathischem Weg zum Rückenmark ziehen und die auf die spinalen Zentren einen Reiz ausüben, der nun in den betreffenden Segmenten als Schmerz projiziert wird. In vorgeschrittenen Fällen verschmilzt der schmerzende Herzbezirk mit dem Extremitätenschmerz vollkommen.

Dies alles hier vorzubringen, erscheint wichtig, da man bei allen Bestrebungen, die A. p. zu bekämpfen, Gefahr laufen kann, einen Mißerfolg einem bestimmten Verfahren in die Schuhe zu schieben, wo eigentlich eine falsche Diagnose die Schuld trägt.

Zur Klärung des Krankheitsbildes hat die pathologische Anatomie vorläufig nicht viel beitragen können. C. Sternberg gibt an, daß in jenen Fällen, wo nach Angaben des Klinikers eine A. p. bestanden hatte, stets Erkrankungen der Coronargefäße gefunden werden konnten. Allerdings träfe das Umgekehrte nicht immer zu. Für letztere Äußerung sind die Fälle von M. Sternberg und Kaufmann Belege.

Die chirurgische Therapie setzt sich zum Ziele, den Schmerz zu beheben und auch der Krankheitsursache entgegenzuwirken. Der geniale Gedanke, die A. p. überhaupt chirurgisch zu behandeln, ist noch nicht 10 Jahre alt und geht auf Thoma-Jonescu zurück, der 1916 bei einem Fall von A. p. durch Resektion des mittleren und unteren Halsganglions sowie des oberen Brustganglions des Sympathicus die Beschwerden beheben konnte. Diesem Falle, der als Angriffspunkt der chirurgischen Therapie der A. p. den Sympathicus deklarierte, reihen sich nun viele andere an. Brünning hat das große Verdienst, diese Operation in Deutschland eingeführt zu haben.

Er exstirpierte bisher in 15 Fällen von A. p. den Halsgrenzstrang des Sympathicus und das Ganglion stellatum. Wollten wir alle Modifikationen der Operationen am Sympathicus näher ausführen, müßten wir vom eigentlichen Thema zu weit abschweifen. Es soll hier — um einen Überblick zu gewähren — ein Sammelbericht Floerckens Erwähnung finden: In 5 Fällen wurden Resektionen der Herznervenäste, die zum obersten Halsganglion ziehen, vorgenommen und dieses Ganglion exstirpiert (1 Fall starb, 1 wurde ganz schmerzfrei, 3 Fälle haben leichte Beschwerden). 8 mal wurden ausgedehnte Resektionen des linken Halssympathicus und Entfernung des ganzen oberen Brustganglions vorgenommen (keiner gestorben, 5 Fälle kürzere oder längere Zeit Beschwerden, bei 1 Fall nach einigen Monaten wieder ein Anfall, bei 2 Fällen Änderung des Charakters der Anfälle); 4 mal wurden doppelseitige Resektionen des Halssympathicus mit Einschluß des 1. Brustganglions vorgenommen (1 Fall gestorben, 3 Fälle sind schmerzfrei). Aus einer Mitteilung von Jennings geht hervor, daß in 21 operierten Fällen von A. p. 19 mal Besserungen oder Heilungen erzielt wurden, 2 Fälle sind gestorben. 16 mal wurde am Sympathicus, 5 mal am Depressor (siehe später) operiert. Floercken selbst hat das Ganglion thoracale mitexstirpiert. In 2 Fällen wurden vorübergehende Erfolge erzielt. 1 Patient ist seit 6 Wochen erheblich gebessert.

Ende 1923 hat Kappis die bis dahin bekannt gewordenen 22 Operationen wegen A. p. zusammengestellt, die sich auf 5 verschiedene Eingriffe bezogen.

Seit 1922 sind weitere 47 Halsnervenoperationen wegen A. p. mitgeteilt worden. (Schittenhelm und Kappis.) Diese bestanden in:

1. Entfernung des oberen Brustganglions und aller Halsganglien links.
2. Entfernung der beiden unteren Halsganglien und des oberen Brustganglions des Sympathicus links.
3. Entfernung bzw. Ausschaltung des oberen Halsganglions des Sympathicus links.
4. Durchtrennung des N. depressor vagi auf einer ober beiden Seiten.
5. Entfernung des oberen und mittleren Halsganglions des Sympathicus und Durchtrennung des N. depressor links.

Es fällt bei diesen Fällen auf, daß sich im Anschluß an die Halsnervenoperationen so bald Herzinsuffizienzerscheinungen einstellen. Auch bei den von Schittenhelm und Kappis mitgeteilten Fällen ist das so.

Worauf ist das bei den Sympathicusoperationen zurückzuführen?

„Die sympathischen Fasern des Herzens, die das obere Brustganglion durchziehen oder mitbilden, gelten als Nn. accelerantes und beeinflussen, worauf besonders Eppinger hinweist, in antagonistischer Tätigkeit zum Vagus, die Frequenz des Herzschlages, Reizbarkeit und Tonus des Herzens. Eppinger hält es für bedenklich, diese sympathischen Nerven zu entfernen und so die tonisierende Funktion des Vagus zu stärken, da dies zu einer Verminderung des Herztonus führen könne.“

Auch Danielopolu ist scharf gegen die Sympathicusoperationen aufgetreten. Seine Ansicht geht dahin: Im Anginaanfall sind pressorische und depressorische Reflexe sehr wichtig, die letzteren gehen über den Vagus, entspannen den Blutdruck, verlangsamen den Herzschlag und vermindern die Kraft der Myokardkontraktion — die pressorischen gehen über den Sympathicus, besonders das Ganglion stellatum, beschleunigen den Herzschlag, erhöhen den Blutdruck und vermehren die Kraft der Myokardkontraktion. Da wohl alle Herznerven sensible Fasern enthalten und anscheinend die Entfernung eines Teils der sensiblen Fasern zur Beseitigung der Angina pectoris ausreiche, soll das Ganglion stellatum keinesfalls mitentfernt werden, da die Mortalität hiebei 60% beträgt.

Die operative Mortalität in der Sammelstatistik von Schittenhelm und Kappis beträgt 18%.

Damit erscheint eine genügende Übersicht über die Erfolge der Sympathicusoperationen bei der A. p. gegeben. Die Wirkung derselben erklärt sich wahrscheinlich durch Unterbrechung der schmerzleitenden zentripetalen sympathischen Bahnen. Nach Brünning käme außerdem hinzu, daß der Kontraktionsschmerz, der der A. p. zugrunde liege, auf sympathischen Bahnen fortgeleitet werden und nach deren Unterbrechung nicht mehr zur Auslösung gelangen könne. Diese Unterbrechung der sympathischen Bahn habe auch eine Tonusherabsetzung im ganzen zugehörigen Gebiet zur Folge, wodurch die A. p. also causal beeinflußt werde.

Von einer anderen Seite haben Eppinger und Hofer die operative Inangriffnahme der A. p. propagiert. Wie schon erwähnt, wurde von Cyon und Ludwig dem Nervus depressor eine blutdrucksenkende und pulsverlangsamende Wirkung zugeschrieben. Der Nervus depressor wird außerdem als sensibler Nerv der Aorta aufgefaßt. Nach genauen anatomischen Studien haben dann Eppinger und Hofer seit August 1922 bei Patienten mit A. p. den Nervus depressor durchschnitten. Nach der letzten Mitteilung Hofers ist die Zahl der bisher nach dieser Methode operierten Patienten 10.

Einen kurzen Überblick über die mit Depressordurchschneidung behandelten Patienten halte ich für wichtig. Patient 1 ist nach $1^1/_2$ Jahren, die frei von schweren anginösen Attacken waren, gestorben. Bei Patient 2 wurde ein 8 Monate dauernder Erfolg erzielt. Patient 3 starb bald nach der Operation an Posticusparese. Patient 4 ist seit einem Jahr etwa anfallsfrei. Patient 5 ist seit vielen Monaten anfallsfrei. Patient 6 hat nach einseitiger Operation an der operierten Seite keine Schmerzen mehr. Bei Patient 7 ist die Nachuntersuchung mangelhaft. Patient 8 war durch 3 Wochen anfallsfrei, dann häuften sich nach 3 weiteren Monaten die Anfälle wieder. Patient 9 war 14 Tage beschwerdefrei. Patient 10 ist bisher durch einige Monate anfallsfrei.

Nach Eppinger sind die Erfolge in den Fällen, in denen es gelang, den von den Anatomen als Nervus depressor bezeichneten Nerven zu finden, gute. Das Verfahren wird aber infolge der „Tücke der anatomischen Verhältnisse“ nicht immer durchführbar sein.

Von anderen Autoren haben Depressordurchschneidungen noch vorgenommen: Jennings in 5 Fällen; Odermatt konnte in einem Falle einen Nervus depressor nicht finden. Durchtrennung von 2 Nervenfasern, die aus dem Vagus kamen, ergaben keine Änderung des Blutdruckes oder Pulses. In einem anderen Falle blieben nach Durchschneidung die Anfälle 14 Tage aus, nach dieser Zeit starb der Patient an Herzinsuffizienz. Clairmont schlug vor, alle vom Vagus zum Herzen abgehenden Fasern zu durchschneiden, falls man den Nervus depressor nicht findet. Staehlin und Hotz nahmen bei A. p. eine Resection der Herzvagusäste vor. Die Anfälle traten nicht mehr auf, doch starb der Patient 10 Tage später an Herzinsuffizienz.

Eine Kombination von Sympathicus- und Vagusoperation nahmen Floercken und Borchardt vor.

Zusammenfassend kann gesagt werden, daß mehr oder weniger andauernde Erfolge durch Operationen erzielt wurden, welche an zwei verschiedenen Nervenleitungen angesetzt haben; ja nicht nur das, an Nerven, welche bisher stets als Antagonisten galten. Die Lehre vom Antagonismus zwischen Vagus und Sympathicus ist daher durch diese Erfahrungen stark ins Wanken gebracht worden. Kümmel sen. hat zuerst die Vermutung ausgesprochen, daß auch der Nervus depressor vielfach Fasern vom Sympathicus erhalte. Es handle sich bei Vagus und Sympathicus nicht um zwei getrennte Systeme, und die Durchtrennung des einen ohne Mitläsion des andern sei nicht möglich, denn

Vagus und Sympathicus seien gemischte Nerven. Dieser Ansicht hat sich Brünning vollkommen angeschlossen. Der Nervus depressor sei, obwohl er vom Vagus abgeht, ein sympathischer Nerv. Anatomisch finden sich viele Anastomosen zwischen Ganglion nodosum vagi und Ganglion cervicale sup. sympath. Es können also zahlreiche Fasern aus dem Sympathicus zum Vagus gehen und diesen als scheinbare Vagusäste verlassen. Einer anderen Auffassung ist Glaser, der den Erfolg der Depressor- und Sympathicusdurchschneidung davon abhängig macht, ob Coronargefäße oder Aorta im jeweiligen Falle Sitz der Erkrankung sind. Diejenige Form der A. p., die auf Coronargefäßspasmen beruht, kann durch die Sympathicusoperation deshalb gebessert werden, weil dadurch zentripetal leitende Schmerzbahnen entfernt werden. Beruht die A. p. auf einer Aortalgie, so nützt die Depressordurchschneidung, weil diese den zentripetalen sensiblen schmerzleitenden Vagusast der Aorta trifft.

Trotz der unleugbaren operativen Erfolge mit den verschiedensten Operationen steht die Theorie der Operationen doch noch immer auf schwachen Füßen, und das ist auch die Ursache, daß sich eine Autorität vom Range Sauerbruchs ganz entschieden gegen die operative Behandlung dieses Leidens wendet. Bei der Läsion des Sympathicus komme es zu Ausfallserscheinungen, die vor allem im Hornerschen Symptomenkomplex ausgedrückt sind. Dann aber verlaufen im Sympathicus auch motorische Fasern für den linken Ventrikel und die Coronargefäße, bei deren Durchschneidung es zu einem Wegfall der für das Herz wichtigen Druckregulierung komme. Sauerbruchs Schüler Frey wies darauf hin, daß es bei kranken Herzen auf diese Weise zu einer Alteration der Reaktion gegenüber von Strophantin und Digitalis komme. Danielopolu meint, was die Sympathicusentfernung anbelangt, daß bei ihr fördernde Fasern für das Herz weggeschnitten werden. Diese Tatsache rufe bei einem Individuum mit normalem Herzen keinen allzu großen Schaden hervor, könne aber bei A. p.-Kranken, bei denen das Myokard bereits stark gelitten hat, zu schweren Folgen führen.

Diese einleitenden Betrachtungen waren notwendig, um einen Überblick über die gesamte Frage zu geben, bevor wir von der paravertebralen Injektion bei Angina pectoris sprechen.

Nachdem man sich bei anderen visceralen Schmerzzuständen von der schmerzbehebenden Wirkung der paravertebralen Injektion (Sellheim, Laewen, Finsterer) überzeugen konnte, lag es nahe, dieselbe auch bei der A. p. zu versuchen. 1922 führte Laewen, hiezu von Bergmann angeregt, in einem Falle von A. p. eine paravertebrale Injektion aus. Über den Erfolg bzw. die Wirkung derselben wurde nichts mitgeteilt. Auf dem Chirurgenkongreß 1922 hat Kappis den Vorschlag gemacht, die akute lebensbedrohliche Gefahr eines Anfalles von A. p. dadurch zu beseitigen, daß man etwa 30 bis 40 cm³ einer 0·5% Novokainsuprareninlösung paravertebral an den unteren Teil der Halswirbelsäule injiziert, um so die leitenden Sympathicus- oder Vagusfasern zu unterbrechen. Diesen Vorschlag scheint Kappis nur einmal ausgeführt zu haben. Denn nur im letzten Hefte der Med. Kl. 1923 wird berichtet, daß Kappis den auf den Aortenfehler zurückgehenden rechtsseitigen Brust- und Armschmerz eines 70 Jahre alten Mannes durch eine einfache „Einspritzung in die Gegend des rechten Halssympathicus" für 2 Stunden beseitigt hat.

Mehr Angaben fanden sich in der Literatur nicht, als ich auf Anregung von Pal begann, die paravertebrale Injektion aus therapeutischen Gründen bei der A. p. zu versuchen. Pal und sein Assistent Brunn haben zunächst über je einen wirksamen Fall anläßlich der Vorträge über die A. p. in der Wr. Gesellschaft d. inn. Med. u. Kdhlkd. 1924 berichtet. Über die ersten 6 Fälle von A. p., die so behandelt wurden, haben später Brunn und ich in der Wr. klin. Wochenschr. 1924, H. 21, referiert, und über den weiteren Verlauf dieser Fälle als auch über die Wirkung der paravertebralen Injektion auf die neu hinzugekommenen will ich im folgenden Bericht erstatten. Zunächst folgen die Krankengeschichten unserer 20 Patienten im Auszuge, wobei die der ersten 6 Fälle der Übersicht halber kurz wiederholt werden.

Ich verfolge hiebei die Tendenz, über das Verfahren vollkommen objektiv zu berichten, da man einer Methode, die noch nicht anerkannt ist, durch nichts mehr Schaden zufügen kann, als durch eine optimistische Darstellung gekünstelter Erfolge. Allerdings wird die objektive Beurteilung eines Leidens, bei dessen Gradierung man zum großen Teil auf die persönlichen Angaben der Kranken angewiesen ist, schwer. Dieselbe wird aber bei Stellung von Sugestivfragen noch mehr verwischt. Ich habe mich daher bemüht, bei der Nachuntersuchung die Patienten mehr selbst berichten zu lassen, als dieselben auszuforschen.

Fall 1 (Abteilung Pal). Johann S., 68 Jahre alt. Seit 20 Jahren Druckgefühl über der Brust mit Schmerzen verbunden. Im Winter 1922/23 verschlechtert sich der Zustand. Patient wurde daher operiert. Depressordurchschneidung nach Eppinger und Hofer, ausgeführt von Hofer. Nach der Operation durch etwa 6 Monate gebessert bis ganz schmerzfrei. Dann stellte sich allmählich der alte Zustand wieder ein. Wurde Ende Jänner 1924 auf die Abteilung Hofrat Pal aufgenommen. Täglich auftretende, stundenlang anhaltende Anfälle und Schmerzen über der rechten Brustseite mit Atemnot verbunden. Interne Behandlung ohne Erfolg.

Am 24. Februar 1924 paravertebrale Injektion in D 1 und D 3 je 15 cm^3 $^1/_2$% Novokain. In den nächsten 11 Tagen weder Atemnot noch Schmerzen. Dann ein Anfall von Atemnot und Druckgefühl über der Brust, aber ohne ausgesprochenen Schmerz. Der Zustand geht ohne jede Medikation zurück. Dann nach 15 Tagen ein gleiches Vorkommnis. 21 Tage nach der Injektion wieder ein solches. 6 Wochen nach der Injektion Brennen in der rechten Brustseite, aber niemals Schmerzen. 3 Monate nach der Injektion verläßt der Patient die Abteilung und ist arbeitsfähig.

In der Zwischenzeit bestanden manchmal leichte drückende Schmerzen über dem Sternum, was aber die Arbeitsfähigkeit des Patienten nicht behinderte. Manchmal strahlte der Schmerz in den Arm und in den Kopf aus. Seit Juni 1924 kommt es aber wieder zu Anfällen. Beginn zeigt sich durch Husten, Atemnot und Angstgefühl an. Der Anfall dauert eine Viertelstunde.

Wiederaufnahme auf die Abteilung Pal im Juli 1924. Aortale Konfiguration des Herzens: Aorteninsuffizienz —. Geräusch —. Blutdruck 175 R. R., nach Novatropin etwa 145 R. R. Anfälle werden auf warme Handbäder besser. Die Anfälle erfolgen in der späteren Zeit etwa jeden 3. Tag. Patient wird am 2. Oktober gebessert entlassen.

In der Zwischenzeit kommt es im Laufe des Monats November wieder zu stärkeren Beschwerden, nachdem sich der Patient durch einen Monat wohlgefühlt hatte. Hustenanfall, Atemnot, Druck auf der Brust, Schmerz, der in den rechten Arm ausstrahlt. Schließlich wird der Patient wieder arbeitsunfähig.

Wiederaufnahme auf die Abteilung Pal am 27. November 1924: Systolisches Geräusch über der Spitze. 1. Pulmonalton unrein. 2. Pulmonalton akzentuiert. Aortengeräusch lauter und musikalisch. Hyperalgetische Zone im Bereich der linken Brusthälfte.

Jede Nacht ein Anfall, am Tage anfallsfrei.

Der Zustand ist unverändert bis etwa 1. März.

Eine neuerlich vorgenommene Röntgenuntersuchung ergibt ein Aneurysma der Aorta.

Zusammenfassung: Die Depressordurchschneidung hat dem Patienten nur 6 Monate geholfen. Die paravertebrale Injektion hat den Patienten durch 4 Monate von seinen Anfällen befreit. Sie wurde nur in D 1 und D 3 vorgenommen und nicht wiederholt. Ein Zusammenhang zwischen Depressordurchschneidung und Entstehung des Aortenaneurysma liegt im Bereiche der Möglichkeit.

Fall 2 (Abteilung Pal). Anna S., 70 Jahre alt. Seit 3 Monaten Herzbeschwerden mit Atemnot, Druck über dem Brustbein mit ausstrahlenden Schmerzen in den rechten Arm. Die Anfälle dauern etwa 15 Minuten und kommen fast täglich. Druck zur Zeit des Anfalles 195 R. R.

Am 26. März 1924 paravertebrale Injektion in D 1 und D 3 rechts je 15 cm^3 Novokain. Besserung des subjektiven Befindens durch 1 Woche. Am 2. April wieder ein Anfall, und in der Folgezeit besteht kein Unterschied gegenüber dem Verhalten der Patientin vor der paravertebralen Injektion.

Patientin wurde ein 2. Mal an die Abteilung Pal aufgenommen. In der Zwischenzeit war auf eine kurze Besserung ein noch unerträglicherer Zustand gefolgt. Bei ihrem weiteren Aufenthalte zeigen sich allmählich Symptome einer Herzinsuffizienz. Diurese läßt zu wünschen übrig, die Beine schwellen an usw. Zu dieser Zeit kommt es dann nicht mehr zu den Schmerzanfällen.

Patientin ist am 2. Oktober 1924 gestorben.

Obduktionsbefund: Lungengangrän und Lungeninfarkte. Endarteritis chronica def. art. coron. cordis ad basim cerebri et peripheriae. Incrassatio valv. mitralis ex endocard. obsoleta c. insufficientia. Hypertrophia ventric. sin. (Doz. Priesel).

Zusammenfassung: Durch eine paravertebrale Injektion in D 1 und D 3 wurde eine Schmerzfreiheit von nur einer Woche erzielt. Die Injektion wurde nicht wiederholt.

Fall 3 (Dr. Singer). Otto G., 39 Jahre alt. Vor 15 Jahren Primäraffekt. Seit Februar 1923 Krämpfe und Schmerzen in der Brust, die in den linken Arm ausstrahlen und bis in die linke Hand gehen. Während des Anfalles Atemnot. Blutdruck im Anfall 185—240 R. R.

Injektion am 1. April 1924 in D 2 und D 4 links. Nach der Injektion Zwerchfellkrampf (siehe Komplikationen!). Bis zu 14 Tagen nach der Injektion eine deutliche Besserung, nur leichter Druck über dem Brustbein. Dann tritt allmählich derselbe Zustand wie vor der Injektion wieder ein.

Patient ist nach Mitteilung von Dr. Singer einige Monate später an Herzinsuffizienz gestorben.

Zusammenfassung: Durch die paravertebrale Injektion in D 2 und D 4 wurde der Patient durch ca. 14 Tage von seinen Schmerzen und Anfällen befreit. Dann trat der alte Zustand wieder ein. Patient ist später gestorben.

Fall 4 (Dr. Singer). Russe, 49 Jahre alt. Seit 1921 Aortalgien. Im Jahre 1922 treten Schmerzanfälle in immer kleiner werdenden Intervallen auf. Seit Anfang 1923 fast täglich Anfälle, die 4—5 Stunden dauern. Interne Medikation ohne Erfolg. Am 1. April 1924 paravertebrale Injektion in D 2 und D 4. Zwerchfellkrampf (siehe Komplikationen!). Nur 2 Tage nach der Injektion ist der Patient anfalls- und schmerzfrei. Am 3. Tage noch immer leichte Besserung. Am 4. Tage wieder die alten Beschwerden. Der Zustand des Patienten hält an.

Zusammenfassung: Durch paravertebrale Injektion in D 2 und D 4 schwinden die Schmerzen für 2 bis 3 Tage, dann kehren die früheren Beschwerden wieder zurück.

Fall 5 (Dr. Singer). Adolf E., 47 Jahre alt. Vener. Infektion positiv. Vor 6 Jahren Beklemmungen in der linken Brustseite, Atemnot. Später Schmerzen, die vom Herzen ausgehen und in beide Schulterblätter ausstrahlen. Im letzten Jahre täglich 1—2 derartige Anfälle. Manche Tage ununterbrochen Druck und Schmerz über dem Herzen, Kopfsausen und Schwindel. In letzter Zeit werden die Anfälle immer häufiger und anhaltender. Auf intravenöse Kalkzufuhr tritt eine Besserung ein. Im März 1924 wieder eine Verschlechterung des Zustandes.

Am 1. April 1924 paravertebrale Injektion in D 1, D 2 und D 4 links. 4 Stunden Zwerchfellkrampf (siehe Komplikationen!). In nächster Zeit ist der Patient schmerz- und anfallsfrei.

Nachuntersucht am 14. Oktober 1924: Seit der Injektion hat der Patient keine Anfälle mehr. Hat kein Nitroglycerin mehr gebraucht. Hie und da noch leichtes Herzklopfen. Er arbeitet von früh bis abend. Seine Arbeitsfähigkeit war noch nie gestört.

2. Nachuntersuchung am 1. März 1925: Ende Oktober — berichtet der Patient — kam es infolge schwerer Aufregungen zu einer vorübergehenden Verschlechterung des Zustandes im Anschluß an eine Salvarsankur. Dann ging es ihm wieder sehr gut. Das gute Befinden hält an und der Patient führt seine „Heilung" nur auf die paravertebrale Injektion zurück. Er ist voll arbeitsfähig. (Letzte Untersuchung Juli 1925.)

Zusammenfassung: Nach paravertebraler Injektion in D 1, D 2 und D 4 durch 16 Monate noch anhaltender Erfolg bis auf eine Zeit, in welcher der Patient eine antiluetische Kur mitgemacht hat.

Fall 6 (Abteilung Pal). Wilhelmine P., 29 Jahre alt. Seit 1920 Anfälle von Herzklopfen und Herzschmerzen. Am 29. Februar 1924 wird die Patientin wegen des Herzjagens (240 Pulse in der Minute) an die Abteilung gebracht. Sie klagt außerdem über Herzschmerzen, die in beide Schulterblätter ausstrahlen. Ausstrahlung auch nach unten zu.

Am 1. März 1924 paravertebrale Injektion im Anfall in D 2 links. Sofortiges Nachlassen der Schmerzen. Die Pulsfrequenz geht in den nächsten 25 Minuten auf normale Zahl zurück.

Die letzte Nachricht von der Patientin läuft am 16. März 1925 ein und besagt, daß dieselbe nach der paravertebralen Injektion niemals wieder einen Anfall von Herzjagen oder Herzschmerzen hatte, obwohl sie Hochtouristin ist und wie früher Bergpartien macht.

Zusammenfassung: Bei einer Patientin, welche seit 1920 an paroxysmaler Tachykardie und Herzschmerzanfällen leidet, wurde durch ein Jahr ein derzeit noch anhaltender Erfolg durch eine paravertebrale Injektion in D 2 links erzielt.

Fall 7 (Abteilung Pal). Charlotte B., 56 Jahre alt. Patientin leidet seit Jahren an Obstipation und Blähungen. Im Jahre 1914 traten bei der Patientin im Anschluß an eine psychische Erregung Schmerzen im Nacken auf. Gleichzeitig Schwindel und Ohrensausen. Dieser Schmerzanfall wiederholte sich in diesem Jahre noch 3 bis 4 mal. Bei den folgenden Anfällen kam es aber auch zu Schmerzen, die vom linken Sternalrand ausgingen und in den Arm bis zu den Fingerspitzen führten. Im Anfall hat die Patientin das Gefühl, als ob die Brust zusammengepreßt werden würde. Auf vollkommene Ruhe geht der Anfall zurück. Im Jahre 1915 kam es einmal in 14 Tagen zu so einem Anfall. 1916 viel öfter, später sogar täglich 2 bis 3 mal. Dieser Zustand hält bis 1921 an. Spitalsaufenthalt (Abt. Pal). Besserung auf interne Medikation. Der Röntgenbefund zeigt eine Elongatio aortae. Rechter Vorhofbogen vorgewölbt, linker Ventrikel plump, Basalbreite über 14 cm. Wassermann negativ. Systolisches Geräusch über der Aorta.

Am 18. Juni 1924 paravertebrale Injektion in D 1, D 2, D 3 und D 4 links je 15 cm^3 $^1/_2$% Novokainlösung. Nach der paravertebralen Injektion schwinden die vor derselben 2 bis 3 mal täglich auftretenden Anfälle zunächst vollkommen für 20 Tage. Am 8. Juli hat Patientin wieder einen Anfall nach einer Aufregung (die Bettnachbarin ist gestorben).

Am 8. Juli 1924 wird daher die paravertebrale Injektion wiederholt. Sie wird diesmal in D 1 und D 3 links vorgenommen.

Bis 10. Oktober 1924 keine Anfälle mehr. Dann kommen wieder leichte Beklemmungen, aber viel schwächer als früher. Patientin leidet unter Parästhesien in der linken Hohlhand und den Fingern.

Am 4. März 1925 läuft von der Patientin Nachricht ein: Sie findet nach der letzten Injektion den Zustand durchaus erträglich und ist „bedeutend gebessert" gegen früher. Sie hatte in der Zwischenzeit etwa 4 bis 5 mal „Beklemmungen". (Letzte Nachuntersuchung Juni 1925: Befinden gleich.)

Zusammenfassung: Nach der ersten paravertebralen Injektion in D 1 bis D 4 durch 20 Tage keine Anfälle. Die zweite paravertebrale Injektion in D 1 und D 3 führt zu einer bis jetzt fast 11 Monate anhaltenden bedeutenden Besserung des Zustandes.

Fall 8 (Abteilung Pal). Magdalena K., 56 Jahre alt. Seit 4 Monaten brennende Schmerzen und Druck in der Herzgegend, Atemnot besonders beim Stiegensteigen und Gehen. Bei ihrer Aufnahme in die Abteilung Pal findet sich über allen Ostien ein systolisches Geräusch, das in der Spitze am deutlichsten ist. Die Herzgrenzen sind fast normal. Wassermann negativ.

Die Anfälle können jeweilig durch Amylnitrit kupiert werden.

Am 26. März 1924 paravertebrale Injektion in D 1 und D 3 links je 10 cm³ $^1/_2$% Novokainlösung. Die paravertebrale Injektion ist ohne Erfolg.

Am 24. April Exitus. Der Obduktionsbefund ergibt eine abgelaufene Endocarditis, Insuffizienz der Mitralis und eine exzentrische Hypertrophie des linken Ventrikels. Coronarsklerose besonders der linken Art. coron. mit myomalacischen Herden in den Papillarmuskeln. Dilatation des rechten Ventrikels. Residuen einer abgelaufenen Pericarditis.

Fall 9 (Prof. Sternberg). Ignaz B., 65 Jahre alt. Seit 1912 Beginn der Beschwerden. Die Schmerzen über dem Herzen werden besonders bei Bewegungen heftiger. Patient wurde vielfach wegen seiner A. p. behandelt. Die Schmerzanfälle wurden um das Jahr 1916 herum unerträglich, führten wiederholt zu Ohnmachtsanfällen und ständig zu Todesangst. In letzter Zeit kommt es zu mehreren Anfällen täglich. Der Druck im Anfall beträgt etwa 180 bis 190 R. R. Die Nitrite helfen nur momentan.

Am 14. August 1924 paravertebrale Injektion in D 1, D 2 und D 3 je 15 cm³ 1% Novokainlösung im Anfall. Nach der Injektion ein leichter Kollaps. Der Anfall ist kupiert. In den nächsten Tagen nach der paravertebralen Injektion kommt es zu keinem Schmerzanfall mehr. Patient hat lediglich ein leichtes Druckgefühl über der Brust. Von einem anfallähnlichen Zustand kann keine Rede mehr sein. Der Patient meint, daß er sehr zufrieden wäre, wenn dieser Zustand so anhalten würde.

Am 18. August kommt es zu einer leichten Gehirnembolie. Am 19. August Exitus letalis. Keine Obduktion.

Zusammenfassung: Bei einem sehr schweren Fall von A. p. wird der Anfall durch eine paravertebrale Injektion sofort kupiert. Nach 4 schmerzfreien Tagen Exitus.

Fall 10 (Abteilung Kovacs). S., Mann von 49 Jahren. Seit Juli 1923 anfallsweise Krämpfe, die in der Herzgegend beginnen und in den linken Arm ausstrahlen. Die Krämpfe stellen sich immer bei Tag ein und besonders nach körperlichen Anstrengungen. Sie dauern 5 bis 30 Minuten. Täglich 1 bis 4 Anfälle. Wassermann positiv. Nach Hg-Kur sind die Anfälle schwächer. Blutdruck im Anfall 120 bis 130 R. R.

Am 18. August 1924 paravertebrale Injektion in D 1, D 2 und D 3 je 15 cm³ Novokainlösung. In der Folgezeit geht es dem Patienten besser. Doch klagt er plötzlich über Schmerzen in der linken Flanke. Da man sich mit ihm (Ausländer) schwer auseinandersetzen kann und seine Angaben sehr unklar sind, ist eine Beurteilung des Falles schwierig. Der Patient wurde bedeutend gebessert entlassen.

Zusammenfassung: Unklarer Fall. Jedenfalls wurde durch eine paravertebrale Injektion eine Besserung erzielt.

Fall 11 (Abteilung Pal). Rosa L., 60 Jahre alt. Vor 3 Jahren bekam Patientin plötzlich Anfälle von Atemnot und Schmerzen über dem Brustbein, die in den linken Oberarm ausstrahlten. Anfälle bis zum Vernichtungsgefühl und Todesangst. Wassermann negativ, Lues negativ. Interne Medikation ohne Erfolg. Druck im Anfall etwa 270, nach Novatropin 230 R. R.

Am 13. Oktober paravertebrale Injektion links D 3 und D 2 etwa 20 cm³ $^1/_4$% Tutokainlösung. Nach der Injektion geht der Druck von 210 auf 200 herunter. Es stellt sich weiter nach der Injektion eine Pupillenverengerung auf der injizierten Seite ein.

Anfallsfrei bis 4. November. Dann wieder ein leichter Anfall.

Nachricht von der Patientin läuft April 1925 ein. Die Patientin ist durch die Injektion nicht vollkommen schmerzfrei geworden, aber die Anfälle sind leichter als früher und kommen seltener. Es wurde weiters der Charakter der Anfälle geändert. Denn auf Theobrominpulver, die der Patientin früher keine Erleichterung brachten, wird nun jedes Beklemmungsgefühl sofort zum Schwinden gebracht.

Zusammenfassung: Durch die paravertebrale Injektion in D 2 und D 3 wird für einige Tage eine anfallsfreie Zeit hervorgerufen, in der Folgezeit ist der Zustand bisher über 6 Monate nach der Injektion gebessert.

Fall 12 (Prim. Latzel). Johann T., 43 Jahre alt. Patient leidet an einer Aortitis luetica. Seit $1^1/_2$ Jahren bestehen Schmerzen über dem Herzen, die in die linke Schulter ausstrahlen. Zumeist kommt es auch einmal täglich zu einem typischen Schmerzanfall, oft aber auch mehrmals täglich, dann ist wieder einige Tage Ruhe. Die Anfälle kommen oft nach dem Essen. Auch Bewegung ist von Einfluß.

Am 4. September 1924 paravertebrale Injektion in D 1, D 2, D 3 und D 4 je 15 cm^3 $^1/_2$% Novokainlösung. Die Schmerzen sind sofort behoben. Es besteht nur eine größere Schmerzhaftigkeit an der Injektionsstelle.

Patient ist bis jetzt (Oktober 1925) anfallsfrei geblieben, und die Herzschmerzen sind nicht mehr zurückgekehrt.

Zusammenfassung: Nach paravertebraler Injektion in D 1 bis D 4 links seit 9 Monaten anhaltend anfalls- und schmerzfrei.

Fall 13 (Dr. Sternberg). Katharina W., 54 Jahre alt. Vor 7 Jahren Diabetes, aber erst nachdem ein Ulcus der Ferse entstand, wurde eine antidiabetische Behandlung eingeschlagen. Vor 3 bis 4 Monaten begannen Herzanfälle. Die Abstände zwischen den Anfällen wurden immer geringer. Schließlich kam es jeden 2. Tag zu einem Anfall. Auf Nitrite und Aderlaß Besserung. Im Anfall beginnen die Schmerzen links vom Herzen, gehen gürtelförmig durch die ganze Brust und enden an den kleinen Fingern. Die Patientin ist vor Schmerz schon zu wiederholten Malen kollabiert.

Am 19. November 1924 paravertebrale Injektion links D 1, D 2, D 3 und rechts D 2 je 15 cm^3 $^1/_2$% Tutokainlösung im Anfall. Es sollen noch mehrere Segmente injiziert werden, da sich aber Patientin sehr geschwächt fühlt, unterbleiben die geplanten Injektionen.

Der Schmerz hört nach der Injektion sofort auf. Im weiteren Verlaufe war die Patientin durch 7 Wochen vollkommen schmerz- und anfallsfrei. Dann kam es nach einer Gemütserregung wieder zu einem Anfall. Seither ging es bis Februar 1925 wieder sehr gut. Dann kam es wieder zu 2 leichten Anfällen. Im März 1925 hat sich dann der Zustand wieder ein wenig verschlechtert. Von April bis November 1925 wieder Wohlbefinden, dan wieder Anfälle. Seit der Injektion bestehen auf der ganzen linken Körperseite sehr profuse Schweißausbrüche, die bis zur Mittellinie des Körpers gehen.

Zusammenfassung: In einem sehr schweren Falle wurde durch 7 Wochen ein vollkommener Stillstand der Anfälle durch eine paravertebrale Injektion, links D 1 bis D 3, rechts D 2, herbeigeführt. Nach dieser Zeit treten in viel größeren Abständen bedeutend leichtere Anfälle wieder auf. Die relative Wirkung der Injektion hielt also durch 11 Monate an.

Fall 14 (Prim. Latzel). Gustav L., 56 Jahre alt. Vor 3 Jahren ist der Patient mit Schmerzen in der linken Brustseite erkrankt, die in den linken

Arm anfallsweise ausstrahlten. Die Anfälle kommen meist in der Früh und werden durch körperliche Arbeit verstärkt. Lues negativ. Seit 3 Jahren täglicher Anfall. Auf Theobromin Besserung.

Am 25. November 1924 paravertebrale Injektion in D 1, D 2, D 3 und D 4 je 15 cm^3 Tutokain. Bald nach der Injektion ist der Schmerz verschwunden.

Die Wirkung der Injektion hält durch 4 Wochen an, in welchen es weder zu Schmerzen noch zu Anfällen kommt. Dann stellte sich ein leichtes Druckgefühl wieder ein, aber der Patient blieb arbeitsfähig. Der Zustand verschlechterte sich aber im Februar 1925 wieder, und der Patient suchte das Spital (Barmherzige Brüder, Prim. Latzel) wieder auf.

Zusammenfassung: Durch paravertebrale Injektion in D 1 bis D 4 konnten die Anfälle durch 4 Wochen vollkommen, durch 8 Wochen teilweise zum Schwinden gebracht werden.

Fall 15 (Dr. Kauders). Siegmund L., 44 Jahre alt. Lues negativ. Seit 1 Jahr krank. Zunächst handelte es sich nur um einen Druck über dem Schwertfortsatz, dann kam es zu ausstrahlenden Schmerzen in die rechte obere Brusthälfte. Besonders bei Temperaturwechsel. In letzter Zeit sitzt der Schmerz in der Mitte unter der rechten Clavicula, im Anfall aber kommt es zu ausstrahlenden Schmerzen in die linke und manchmal auch in die rechte obere Extremität. Das Herz zeigt eine geringgradige Hypertrophie des linken Ventrikels, über der Aorta ein systolisches Geräusch. Keine Herzinsuffizienzerscheinungen. Röntgen ergibt keine Vergrößerung des Herzens, Aortenbreite fast normal. Die interne Behandlung brachte keinen Erfolg.

Am 8. Jänner 1925 wurde paravertebrale Injektion in D 2, D 3 und D 4 mit $^1/_2\%$ Tutokainlösung vorgenommen. Der vor der Injektion bestehende Schmerz konnte sofort behoben werden. Nach der Injektion ist der Blutdruck von 180 auf 160 zurückgegangen.

Am 6. Februar 1925 teilt der Patient mit, daß in einem ganz bestimmten Bezirk die Schmerzen zurückgegangen sind, und zwar in den unteren Teilen der früheren Schmerzzonen, in den oberen Anteilen bestehen die Schmerzen noch. Patient wünscht daher eine nochmalige Injektion.

Zusammenfassung: Aufhebung des Schmerzes nach paravertebraler Injektion in D 2 bis D 4, die in einer ganz bestimmten Zone durch einen Monat anhält.

Fall 16 (Ass. Dr. Holler, Klinik Ortner). Albert J., 58 Jahre alt. Seit einem Jahr Anfälle, die von der Herzgegend ausgehen. Sie treten ohne bekannte Ursache auf, indem der Patient zunächst Angstgefühl verspürt, dann kommt Atemnot hinzu, dann ein starkes Drücken und Brennen unter dem linken Sternalrand, das in den Nacken, die Schulter, zum Hinterhaupt und schließlich in die ganze linke Extremität zieht. Nach einigen Minuten verschwindet der Anfall.

Ende 1924 hat der Patient etwa 20 Anfälle im Tag, manchmal 3 bis 4 in einer Stunde. Im Jänner 1925 wurden die Anfälle etwas seltener, aber heftiger. Durch die interne Behandlung an der Klinik Ortner konnten die Anfälle auf 2 im Tage reduziert werden. Den letzten Anfall hatte der Patient beim Transport auf unsere Klinik.

Am 12. März 1925 paravertebrale Injektion in D 1, D 2, D 3 und D 4 links (die Injektion in C 7 gelingt nicht) je 15 cm^3 $^1/_2\%$ Tutokainlösung. Während der Injektion bitterer Geschmack im Munde. Miosis auf der linken Seite. Vor der Injektion Blutdruck beiderseits 140 R. R. Nach der Injektion rechter Oberarm 140, linker Oberarm 120 bis 125.

Am 13. März Blutdruck beiderseits 135. Am 14. März Blutdruck rechts 125, links 115.

Patient ist bis zum 20. Juli 1925 vollkommen schmerz- und anfallsfrei geblieben.

Zusammenfassung: Bei einem Patienten mit gehäuften Anfällen verschwinden diese nach der paravertebralen Injektion in D 1 bis D 4 für mehrere Monate. Der Erfolg hält bisher an.

Fall 17. S. R., 61 Jahre alt. Vor 7 Jahren von Hochenegg wegen eines Ca. recti nach Kraske-Hochenegg auf sacralem Wege radikal operiert.

Durchzugverfahren. Patient ist vollkommen recidivfrei und kontinent. Sehr starker Raucher. Luet. Infektion geleugnet.

Seit einem Jahre krank. Die Anfälle begannen im Juli 1924 mit Schmerzen unter dem Brustbein, die in die linke und rechte Extremität ausstrahlten. Inzwischen kommt es zu täglichen Anfällen. Dauer eines Anfalles 5 bis 15 Minuten. In letzter Zeit ist der Patient gegen Kälte sehr empfindlich. Bisherige Therapie: Amylnitrit, Nitroglycerin helfen in der ersten Zeit. Bad Nauheim ohne Erfolg.

Am 1. Juni 1925 paravertebrale Injektion in C 7, D 1 bis D 3 bilateral mit $^1/_4$% Tutokain. Absolut erfolglos.

Wiederholung der paravertebralen Injektion am 8. Juni 1925: paravertebrale Injektion in D 3 und D 4 bilateral mit $^1/_2$% Novokainlösung.

Besserung für ca. 3 Tage. Die Anfälle sind seltener und leichter. Dann stellt sich der alte Zustand wieder ein.

Patient ist Mitte August in einem Anfalle gestorben.

Zusammenfassung: Wiederholte Injektion in verschiedene Segmente ohne nennenswerten Erfolg. Die Injektion mit Novokain in die tieferen Segmente hat mehr Erleichterung gebracht, als die Injektion mit Tutokain in die höheren Segmente.

Fall 18. Franz G. (Klinik Ortner). Seit März 1925 plötzlich krampfartige Schmerzen hinter dem Sternum. Ausstrahlung in den linken Arm. Gleichzeitig brennende Schmerzen zwischen den Schulterblättern. Seither 2 bis 3 mal der Woche Anfälle. Schmerzanfälle auch bei Bewegungen. Auch an der Klinik Ortner mehrere Anfälle. Nitroglycerin mit Erfolg.

In der Aura eines Anfalles April 1925 paravertebrale Injektion C 7, D 1, D 2 und D 3, 3 mal 15 cm³ (Steindl).

Rücktransferiert zu Ortner. Bis 17. Mai anfallsfrei. Der herannahende Anfall wurde kupiert.

Auf unsere Anfrage teilt der Patient im September 1925 mit, daß er seit der Injektion keinen Anfall mehr bekommen habe und sich sehr wohl fühlt.

Zusammenfassung: Sehr guter, bisher durch 5 Monate anhaltender Erfolg nach einer paravertebralen Injektion in C 7 bis D 3 nur links.

Fall 19. F. J. (Klinik Ortner). Schwerer Fall von A. p., der jeder internen Therapie trotzt und täglich schwere Anfälle hat.

Im März 1925 paravertebrale Injektion (Steindl) in C 7, D 1 bis D 3 links.

Ende August teilt der Patient auf unsere Anfrage folgendes mit:

„Teile Ihnen mit, daß mein Zustand noch nicht ganz geheilt ist, die großen Anfälle sind aber weg. Kleine Anfälle bekomme ich noch täglich von mehrerer Minuten Dauer. Ich danke vielmals, daß Sie mich von den großen Anfällen befreit haben."

Zusammenfassung: Deutliche Besserung in einem schweren Falle von A. p. durch paravertebrale Injektion in C 7 bis D 3 einseitig bisher durch 5 Monate anhaltend.

Fall 20 (Klinik Wenckebach). Anton S., 58 Jahre alt. Seit 8 Wochen verspürt der Patient einen Druck über der Brust, der sich zum Schmerz steigert. Die Schmerzen strahlen in die Arme aus. In letzter Zeit auch in das Abdomen. Innere Behandlung ohne Erfolg. Amylnitrit vermag die Schmerzen etwas zu lindern.

Erste Injektion (Ass. Stöhr) D 1 und D 3 je 10 cm³ $^1/_2$% Novokainlösung. Nach der Injektion tritt für 7 Tage eine deutliche Besserung ein. Dann stellen sich wieder Schmerzen ein. Daher wird die paravertebrale Injektion wiederholt. Diesmal werden vom Koll. Stöhr D 1 bis D 3 paravertebral injiziert. Der Erfolg ist nun ein nachhaltigerer und hält bisher (3 Monate) an.

Die folgende Tabelle gewährt über die mit der paravertebralen Injektion erzielten Resultate eine Übersicht.

Fall	Injektion in	Erfolg	Anmerkung
1	D 1, D 3	temporär	nach Depressoroperation
2	D 1, D 3	nur 1 Woche	später gestorben
3	D 2, D 4	nur 2 Wochen	später gestorben
4	D 2, D 4	nur wenige Tage	—
5	D 1, D 2, D 4	fast anhaltend durch 16 Monate	—
6	D 2	durch 1 Jahr, noch anhaltend	paroxysmale Tachykardie
7	1) D 1, D 2, D 3, D 4	bedeutende anhaltende	—
	2) D 1, D 3	Besserung	—
8	D 1, D 3	ohne Erfolg	später gestorben
9	D 1, D 2, D 3	durch 4 Tage ohne Anfall	am 5. Tag Exitus
10	D 1, D 2, D 3	Besserung (?)	unklar
11	D 2, D 3	Besserung	Miosis
12	D 1, D 2, D 3, D 4	anhaltender Erfolg seit 10 Monaten	—
13	D 1, D 2, D 3	weitgehender Erfolg durch 7 Wochen, dann Besserung durch 11 Monate	Schweißausbrüche
14	D 1, D 2, D 3, D 4	durch 4 Wochen voller Erfolg, dann Besserung	—
15	D 2, D 3, D 4	partieller Erfolg in bestimmten Zonen	—
16	D 1, D 2, D 3, D 4	augenblicklicher Erfolg, bisher 3 Wochen anhaltend	Miosis, Blutdruckherabsetzung
17	1) C 7, D 1, D 2, D 3	ohne Erfolg	Wiederholung d. Injektion,
	2) D 3, D 4	momentane nicht anhaltende Besserung	später gestorben
18	C 7 bis D 3 links	Erfolg bisher durch 5 Monate anhaltend	—
19	C 7 bis D 3 links	deutliche Besserung anhaltend	—
20	D 1 und D 3 links	Schmerzen augenblicklich behoben	—
	Wiederholt D 1 bis D 3	bis jetzt Erfolg noch anhaltend 3 Monate	—

Von anderen Autoren, die nach unserer ersten Publikation das Verfahren bei A. p. versucht haben, liegt zunächst die Mitteilung Hofers vor, daß er in drei Fällen die paravertebrale Injektion angewendet hat: „In allen Fällen trat wenige Stunden oder längstens einen Tag nach der Injektion der Schmerz in gleicher Intensität wieder auf wie vorher". Nach Hofers Mitteilung ließ Eppinger an der Wenckebachschen Klinik zwei weitere Fälle durch Walzel paravertebral injizieren, „ebenfalls mit negativem Resultat".

Luger berichtet über einen Erfolg bei einer 66jährigen Frau. Da dieser Fall — von den allerdings nur spärlichen Nachprüfungen — einen weitgehenden Erfolg illustriert, möchte ich ihn genauer schildern. Es wurden von Walzel in der „linken Paravertebralgegend bei einer 66jährigen Frau mit Aortalgie in der Höhe des 5. bis 7. Cervicalsegmentes sowie des ersten Dorsalsegmentes $^1/_2{}^0/_0$ Novokaindepots angelegt". In entsprechender Höhe bestand auch ein Herpes zoster, der auf die linke obere Extremität überging und sich auf die Finger erstreckte. Die sehr intensiven neuralgiformen Zosterschmerzen wurden deutlich beeinflußt, und auch hinsichtlich der retrosternalen aortalgischen Beschwerden war eine Besserung zu erzielen. Bei dieser Patientin konnte ein Herzschmerzanfall jeweils durch ein kaltes Handbad erzielt werden. Interessanterweise aber ist es gelungen, durch eine paravertebrale Blockierung der untersten Hals- und Brustsegmente das Auftreten des Herzschmerzes während des kalten Handbades zu verhüten. Luger empfiehlt daher die paravertebrale Injektion bei der A. p.

Ein Blick auf unsere Tabelle ergibt zunächst, daß ein Erfolg eigentlich nur im Fall 8 und 17 vollkommen ausblieb. In Fall 2, 3 und 4 kann von einem deutlicheren Erfolg auch keine Rede sein. Anhaltende Erfolge traten in Fall 5, 6, 12, 16 und 18 ein. In den übrigen Fällen zeigten sich vorübergehende Besserungen, die oft allerdings sehr erheblich waren, die Patienten arbeitsfähig machten und ihre Lebenslust bedeutend steigerten. Von unseren 20 Patienten möchte ich Fall 10, der diagnostisch unklar ist, ausscheiden, wenn auch der Patient eine zweite Injektion wünschte, und daher angenommen werden muß, daß ihm die erste eine Besserung verschaffte. In den übrigen 19 Fällen war bis auf Fall 8 und 17 die paravertebrale Injektion stets von einer gewissen unleugbaren Wirkung. Man kann sagen, daß in 15 Fällen von unseren 20 Patienten gute Wirkungen festgestellt werden konnten; ja, daß dieselben in manchen Fällen sogar von nachhaltiger Bedeutung gewesen sind.

Ich glaube, daß dieses Resultat also, wenn es auch weit davon entfernt ist, als ideal bezeichnet zu werden, doch dazu angetan ist, die Aufnahme der paravertebralen Injektion in den therapeutischen Schatz gegen die A. p. zu veranlassen. Ein Vergleich mit den Erfolgen der verschiedenen Operationsmethoden fällt durchaus nicht zu ungunsten der paravertebralen Injektion aus (s. o.), zumal im unmittelbaren Anschluß oder im Zusammenhange mit der Injektion kein Patient gestorben ist. Bei Fall 9, der 5 Tage nach der Operation starb, kann nach Meinung des Internisten (Prof. Sternberg) ein Zusammenhang zwischen dem Tod und der Injektion nicht bestehen.

Was die Indikation zur paravertebralen Injektion anbelangt, sei bemerkt, daß dieselbe in allen unseren Fällen stets von internistischer fachärztlicher Seite gestellt wurde. Niemals wurde ein Fall aus eigenem Ermessen injiziert. Die Indikation im allgemeinen gleicht der zur Operation vollkommen. Falls interne Mittel versagen, die natürlich als Therapeutikum gegen die A. p. in erster Linie in Betracht kommen, dann soll die paravertebrale Injektion versucht werden. Es erscheint zweckmäßig, sie als leichteren Eingriff noch vor einer geplanten Operation anzuwenden. Diese Ansicht hat schon Pal geäußert.

Nur in 2 Fällen (7 u. 17) wurde die paravertebrale Injektion wiederholt.

Wie haben wir uns die Wirkung der paravertebralen Injektion zu erklären?

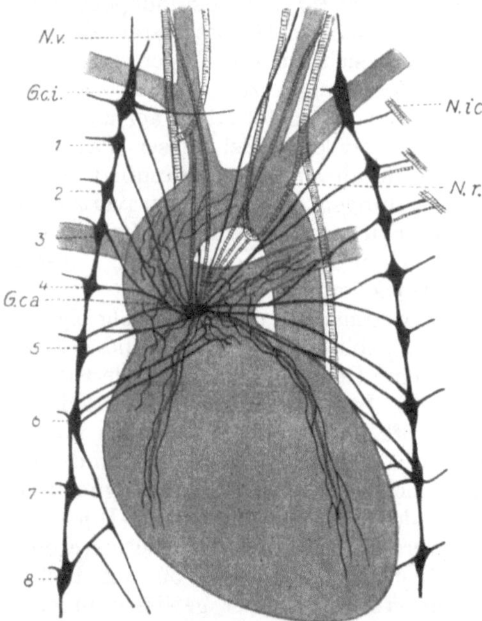

Abb. 8. Die sympathische Innervation des Herzens (schematisch)

(Vagus punktiert, Sympathicus ausgezogen; auf Grund einer Abbildung von Kümmel jun.)

Auf dieser Abbildung ziehen sympathische Äste von D 1 bis D 6 zum Herzen. Nach Mayer-Gottliebs Schema (siehe Abb. 4) nur von D 1 bis D 4. Die Innervation ist wahrscheinlich unregelmäßig

N. v. = N. vagus G.c.i. = Ganglion cervicale
N. r. = N. recurrens G. ca. = Ganglion cardiac.
N. ic. = N. intercostalis 1—8 = Sympath.gangl. inf.

Wir können vielleicht annehmen, daß die Organbezirke, die die Ursache der schmerzhaften Zustände bei der A. p. sind, auf denselben Bahnen innerviert werden, auf welchen die Schmerzleitung der intraabdominellen Organe verläuft. Neumann und Kappis sind der Ansicht, daß diese Schmerzleitung von den betreffenden Organen entlang der Gefäße zu den sympathischen Ganglien zieht und von hier aus mit dem Zentralnervensystem auf dem Wege der Rami communicantes in Beziehung tritt. Schon 1889 hat François Frank auf Grund tierexperimenteller Untersuchungen festgestellt, daß die cardioaortale Sensibilität über den Halsgrenzstrang des Sympathicus durch die Rami communicantes zu den hinteren Wurzeln der Cervicalnerven geleitet wird. Durch die paravertebrale Injektion werden nun die Rami communicantes oder die intervertebralen Ganglien von dem Anästhetikum getroffen und ausgeschaltet. (Siehe Abb. 8.)

Über die Wirkung der Ausschaltung der Rami communicantes wird noch später die Rede sein, daß aber auch die Ausschaltung der sensiblen Spinalnerven bei der A. p. von Bedeutung ist, zeigt Danielopolu. Nach diesem Autor kann man einen Anfall von A. p. schmerzlos gestalten, wenn man diese Bahnen, welche durch die gleichen hinteren Wurzeln ziehen wie die sensiblen cardioaortischen Fasern, durchschneidet. Allerdings hat er die Durchschneidung der Intercostalnerven später durch die Durchschneidung der aufsteigenden sensiblen Fasern (Sympathektomia cervicalis) vervollständigt.

Es muß noch bemerkt werden, daß bei Injektion in ein oder nur zwei Segmente bei Ausbleiben der Wirkung daran gedacht werden muß, daß die Lage der Rami communicantes sehr variabel ist. Das trifft besonders für die Rami communicantes zu, welche von dem Halssympathicus zu den Cervicalnerven ziehen (siehe Anatomie S. 5).

Wichtig für unsere Betrachtung ist auch die Tatsache, daß von einem Ganglion des Brustgrenzstranges Äste nicht nur zu den in gleicher Höhe gelegenen Spinalnerven, sondern auch zu den nächst höher oder tiefer gelegenen ziehen (L. R. Müller). Diese komplizierten anatomischen Verhältnisse verlieren aber anläßlich der Injektion dadurch an Bedeutung, daß das Anästhetikum sehr leicht in die Umgebung diffundiert. Wiemann hat darauf aufmerksam gemacht, daß selbst bei Injektion an dem Querfortsatz das Anästhetikum bis zum Sympathicus diffundieren kann. Hievon konnte er sich bei Strumaoperationen überzeugen, wenn er gefärbte Lösungen zur Operationsanästhesie verwendete. Nach Wiemann ist sogar eine Beeinflussung des Vagus bei der paravertebralen Injektion möglich.

Nach dem bekannten Schema in Meyer-Gottliebs Pharmakologie wird das Herz sympathisch von den ersten 4 Brustnerven versorgt. Wir haben daher stets an alle diese oder einige von ihnen injiziert. Doch sollen auch die letzten Cervicalnerven an der Innervation beteiligt sein. Kappis hat an den unteren Teil der Halswirbelsäule eingespritzt. Auch Luger ließ von Walzel mit Erfolg an den 5 bis 7 Cervicalnerven injizieren. Die Treffsicherheit ist, was das Segment anbelangt, ziemlich groß, da die Dornfortsätze in dieser Höhe selbst bei fetten Individuen gut abzutasten sind, und man daher bei Zählung derselben nicht zu Hilfsmitteln (Zählung von dem 3. Lendenwirbel an aufwärts, von den Rippen aus, Röntgenaufnahme) greifen muß.

Als Anästhetikum wurde $^1/_2$% Novokainlösung oder $^1/_4$% Tutokainlösung ohne Adrenalinzusatz verwendet. Wir haben uns davon überzeugen können, daß das Anästhetikum von Patienten mit A. p. im allgemeinen nicht gut vertragen wird, und daß diese Patienten zu Kollapsen nach größeren Dosen sehr leicht neigen. Bei mehreren vorzunehmenden Injektionen rate ich daher lieber, um die verträgliche Dosis nicht zu überschreiten, das ungiftigere Tutokain zu verwenden. Der Lösung darf kein Adrenalin zugesetzt werden. Das Adrenalin reizt den Sympathicus, den konstriktorischen Nerv für die Herzgefäße, und Köhler und von der Werth gelang es, bei einem einseitig sympathektomierten Patienten durch eine Adrenalininjektion einen typischen stenocardischen Anfall wiederholt hervorzurufen.

Die Erklärung für die augenblickliche Wirkung der Injektion, die in allen Fällen bei entsprechender Technik eintreten muß, kann nicht auf Schwierigkeiten stoßen. Es werden durch die Injektion zweifellos die sensiblen Bahnen für das Herz und wahrscheinlich auch für die Aorta ausgeschaltet. Ob dies durch bloße Wirkung des Anästhetikums am Sympathicus zu erklären ist, oder ob nicht auch parasympathische Fasern bei der paravertebralen Injektion mitbetroffen werden, diese Frage lasse ich ganz offen. W. Fick hat erst vor kurzem darauf hingewiesen, daß zwischen Ganglion nodosum vagi und Ganglion cervicale des Sympathicus nicht nur Verbindungen bestehen, sondern daß in 14·3% der untersuchten Leichen eine vollständige innige Verschmelzung der beiden Ganglien gefunden wurde. Es ist also jedenfalls eine Schmerzausschaltung durch Unterbrechung der Schmerzleitung mit Sicherheit anzunehmen. Daß auch die Schmerzen, die in den Arm ausstrahlen, augenblicklich zum Verschwinden gebracht werden können, ist nicht weiter wunderzunehmen, wenn wir bedenken, daß die die Herzventrikel innervierenden sympathischen Fasern in Zusammenhang mit den Spinalsegmenten stehen, aus denen die Wurzeln des linken Brachialplexus hervorgehen. Erst jüngst hat auf diesen Konnex zwischen sympathischer Innervation des linken Herzens und linker oberer Extremität Aronowitsch hingewiesen. (Siehe Seite 88.) Brünning meint, daß der vom Herzen oder von den Gefäßen kommende Schmerzreiz schon im Ganglion stellatum auf die in den betreffenden Zentren für die vasomotorische Funktionen im linken Arm liegenden Fasern übergeht. Tatsächlich kann also durch die paravertebrale Injektion auch der in die Extremität ausgehende Schmerz augenblicklich behoben werden.

Die Frage, wie die Dauerwirkung der paravertebralen Injektion zu erklären sei, wurde bereits erörtert.

Pal hat diese Wirkung analysiert und der Meinung Ausdruck gegeben, daß die paravertebrale Injektion eine Komponente des Krampfes — von der hyperkinetischen und hypertonischen die letztere — aufhebe. Durch die paravertebrale Injektion werde also ein Krampfzustand und in weiterer Folge der Schmerz beseitigt. Der A. p. liege — Pals Auffassung sei hier wiederholt — ein Angiospasmus zugrunde, und diesem Krampf werde durch die paravertebrale Injektion die tonische Komponente entzogen, wodurch er zum Verschwinden gebracht wird. „Alles was therapeutisch, abgesehen von den in manchen Fällen erforderlichen Regulierungen der Herztätigkeit durch ein Cardiacum, auf dem Gebiete der A. p. mit Erfolg geleistet wird, findet in dieser Annahme ihre Erklärung.“ Die Annahme, daß jedem echten A. p.-Anfall ein absoluter Verschluß aller Herzgefäße zugrunde liegt, sei nicht richtig. Der Angiospasmus bedeutet auch hier wahrscheinlich keinen totalen Verschluß, oder ein solcher trifft überhaupt nur einen Teil des Gefäßgebietes. Diese Anschauung gewinnt an Bedeutung, da Pal die meisten Fälle beobachtet hat.

Etwas steht bei der Erklärung der nachhaltigen Wirkung der paravertebralen Injektion fest: Durch die Injektion von mehreren Kubikzentimetern eines Anästhetikums kann durch einfache Novokainausschaltung bei schmerzhaften chronischen Zuständen der visceralen Organe sicherlich keine dauernde Beeinflussung, wie ich sie auch vielfach bei Gallensteinleiden usw. usw. sah, erzielt werden. Zweifellos sind solche Injektionen im sympathischen Bereich viel tiefgründiger, als wir es heute vermuten können, wo wir die Betäubungsmittel nur einseitig von ihrer Anästhesierungskomponente bei Operationen zu betrachten gewohnt sind. Erst in letzter Zeit beginnt man die weitgehenden Wirkungen nach den verschiedenen Betäubungsmethoden genauer zu analysieren (Blutdrucksenkungen nach Lumbal- und Splanchnicusanästhesie usw.). Es ist also anzunehmen, daß durch derartige Ausschaltungen *weitgehende Umstimmungen im Wechselspiel der sympathischen und parasympathischen Nerven ausgelöst werden, und durch diese allein kann dann die nachhaltige Wirkung der paravertebralen Injektion erklärt werden.* Nach dieser Ansicht würde es sich also nach einer paravertebralen Injektion bei A. p. nicht bloß um eine Beseitigung des Schmerzes handeln, sondern die paravertebrale Injektion würde viel zentraler in ihrer Wirkung ansetzen, als wir es ursprünglich vermutet hätten. Sie wäre dann auch nicht nur ein symptomatisches, sondern auch ein kausales Heilmittel. Ihre Wirkung wäre also absolut unvergleichbar der Wirkung einer Morphininjektion, die z. B. zur Beseitigung des Schmerzes bei einer Perforation eines intraabdominellen Organes angewendet wird, die allerdings den Schmerz beseitigt, während die Entzündung des Peritoneums ungehemmt weiter wirkt. Sondern: durch die paravertebrale Injektion würden Ursache und Folge zugleich getroffen werden, falls in dem betreffenden Falle der A. p. kein anatomisches Substrat allein zugrunde liegt. Diese Ansicht gewinnt an Wahrscheinlichkeit, da wir ja ähnliche Wirkungen bei den verschiedensten Pharmaka selbst bei subcutaner Injektion beobachten können.

Die weitgehende Wirkung des Anästhetikums aber auf einen ganzen Nervenkomplex ist z. B. auch bei der Lumbalanästhesie gegeben, nach welcher es selbst nach einem paralytischen Ileus zu lebhafter, den Verschluß lösender Peristaltik kommt. Es finden sich also bereits zu der von uns vorgebrachten Ansicht Analoga in den Beobachtungen der letzten Jahre.

Wieso ist in manchen Fällen die Wirkung der paravertebralen Injektion unvollkommen oder ganz ausgeblieben?

Wenn man annimmt, daß bei allen A. p.-Kranken die Schmerzursache und die Schmerzleitung die gleiche ist, dann müßte auch — gleiche und gute Technik der Injektion vorausgesetzt — die paravertebrale Injektion in allen Fällen von gleicher Wirkung sein. Daß das aber nicht so ist, scheint mir vor allem darin gelegen zu sein, daß es tatsächlich verschiedene Ursprungsorte des Leidens gibt, die natürlich durch eine Injektion an gleicher Stelle oder Ausschaltung ein und desselben

Nervenbezirkes nicht getroffen werden können. Sehen wir von den anatomischen Eigentümlichkeiten im Verlaufe der Rami communicantes (s. o.) ab, muß bedacht werden, daß wir ja auch in der Wahl der zu beschickenden Segmente noch ziemlich im Dunkel tappen. Gerade das Segment, dessen Ausschaltung im vorliegenden Falle von größter Bedeutung sein kann, kann im speziellen Falle vernachlässigt worden sein, Luger, Walzel und Kappis haben z. B. in einem Segmentbereich, das von uns nie beschickt wurde, gute Erfolge erzielt. Unser Fall 17 zeigt übrigens durch seine Unterschiede in der Wirkung der ersten und zweiten Injektion, wie es gerade auf Beschickung eines ganz bestimmten Segmentes ankommen kann. Die erste Injektion C 7 bis D 3 hilft überhaupt nicht, die Injektion in D 3 bis D 4 bringt Besserung. Es war also hier D 4 das Segment, das den Schmerz hauptsächlich leitete. Die Möglichkeit aber, in alle Segmente zu injizieren, die für die Ausschaltung des Herzens und der Aorta in Betracht kämen, haben wir aus dem Grunde nicht, weil vor allem die Injektion von den Patienten ziemlich unangenehm empfunden wird, und weil wir bei diesen Kranken mit der raschen Resorption des Anästhetikums an der Wirbelsäule ganz besonders rechnen müssen (s. o.). Jedenfalls geht aber aus unseren Fällen hervor, daß wir bei den Patienten, bei welchen wir möglichst viele Segmente injiziert haben, bessere Erfolge zu verzeichnen waren, als bei bloßer Wahl von 2 Segmenten. Diese Gesichtspunkte sind also jedenfalls bei Ausbleiben der Dauerwirkung von Bedeutung.

Unbedingte Voraussetzung für das Gelingen der Injektion ist die entsprechende Technik, die selbst vom besten Chirurgen geübt werden muß. Wenn die Ausführung der Injektion nicht ganz mechanisch abläuft, d. h. wenn man nach dem Einstich in entsprechender Tiefe nicht auf den Widerstand des Processus transversus stößt, wenn man nach Passieren desselben am weiteren Vordringen wiederum von einem knöchernen Widerstand verhindert wird, wenn die Ablenkung der Nadel gegen die Mitte zu nicht ganz schulmäßig gelingt, dann ist ein Erfolg der paravertebralen Injektion schon sehr unwahrscheinlich. Das Mißlingen der Injektion ist dann die Folge einer anatomischen Anomalie oder noch öfter fehlerhafter Technik.

In diesem Kapitel wäre natürlich auch zu erwägen, ob in dem entsprechenden Fall eine A. p. wirklich vorliegt. Bei Sitz des Schmerzursprungs in einem anderen Organ kann natürlich die Ausschaltung des Herzens nicht von Erfolg sein (s. Differentialdiagnose).

Ist die paravertebrale Injektion gefährlich? Die paravertebrale Injektion kann im allgemeinen auch bei der A. p. als ungefährlich bezeichnet werden. Gefahren bestehen vor allem durch das Anästhetikum als solches, welches bekanntlich an der Wirbelsäule fast ebenso rasch resorbiert wird, wie bei intravenöser Injektion (Muroya). Es ist also auf die Dosierung entsprechend zu achten, zumal wir hier das Andrenalin weglassen, wodurch die Resorption natürlich beschleunigt wird. Die weiteren Gefahren bestehen in der Möglichkeit der intravasalen Injektion (Winterstein), der Vagus- und Sympathicusläsion, die im

Cervicalbereich der Wirbelsäule besonders leicht erfolgen kann und schließlich der intramedullaren Injektion in das Foramen intervertebrale (s. o.).

Von unseren Fällen ist keiner im unmittelbaren Anschluß an die paravertebrale Injektion gestorben. Der Eingriff muß also als bedeutend harmloser hingestellt werden, als die diversen zur Behandlung der A. p. angegebenen Operationsmethoden, die alle eine gewisse Mortalität aufzuweisen haben (s. o.).

Von Komplikationen, die ich bei dieser Reihe zu beobachten Gelegenheit hatte, sei zunächst erwähnt, daß bei 3 Patienten, die ich an einer anderen Station injizierte, ein ganz eigenartiger Zustand, der durch mehrere Stunden anhielt, auftrat. Die Patienten bekamen Fieber, wurden dyspnoisch und hatten Schmerzen am Zwerchfellansatz. Ich muß, da ich bei den so zahlreichen paravertebralen Injektionen, die ich ausführte, diesen Zustand nie mehr zu sehen bekam, annehmen, daß die Ursache dieser Störung, die sich übrigens in allen 3 Fällen restlos zurückbildete, in dem an der betreffenden Station zu Verwendung kommenden Anästhetikum gelegen war. Bei 3 Patienten trat bald nach bzw. während der Injektion ein leichter Kollaps ein, der auf schwarzen Kaffee bzw. eine Coffeininjektion nach einigen Minuten wieder verschwand. Bei einem Patienten wurde die Pleura angestochen. Folgen waren keine zu bemerken. Von sonstigen Erscheinungen trat bei 2 Fällen als Folgeerscheinung der Sympathicuslähmung an der injizierten Seite eine Miosis auf. Sonstige Zeichen des Hornerschen Symptomenkomplexes (Hängen des oberen Augenlides, Enophthalmus) konnten nicht gefunden werden. In einem Falle bestand sofort nach der Injektion im Bereiche des Kopfes und Stammes ein heftiger Schweißausbruch. Bei einer anderen Kranken besteht seit der Injektion ein einseitiges, bis zur Körpermittellinie reichendes Schwitzen seit mehreren Monaten, und zwar merkwürdigerweise auf der Seite der Injektion. Die Schweißvermehrung reicht vom Kopf bis zur Leistenbeuge (Fall 13). Ich erwähne bei dieser Gelegenheit, daß man nach Sympathicuslähmung im allgemeinen eine Anhydrosis zu finden gewohnt ist.

Ganz eigenartig ist, daß in unserem Falle 16 dieser Reihe und auch bei anderen Fällen ebenso wie in dem von Köhler und von der Werth beschriebenen Falle von Sympathektomia cervicalis in der oberen Extremität der injizierten Seite ein tieferer Blutdruck nachgewiesen werden konnte als an der anderen Seite. Durch die Arbeit dieser Autoren aufmerksam gemacht, versuchte ich bei dem betreffenden Patienten den Blutdruck auf beiden Seiten zu messen, um etwaige Verschiedenheiten festzustellen. Gleich der erste diesbezüglich nachgeprüfte Fall konnte also das Phänomen, das Köhler und von der Werth beschrieben, bestätigen. Diese Autoren erklären die einseitige Herabsetzung des Blutdruckes durch Herabsetzung des Gefäßtonus in einem Gebiet, in welchem die zur Extremität ziehende sympathische Bahn getroffen wurde. Es ist aber jedenfalls interessant, daß auch bei der paravertebralen Injektion eine solche tonusherabsetzende Wirkung einwandfrei nachgewiesen werden konnte, wie sie von obigen Autoren nach der Sympathektomie gefunden wurde.

Brünning und Stahl haben ihre Fälle von Resektion des Halsgrenzstranges des Sympathicus auch hinsichtlich der Änderung des Blutdruckes untersucht. Sie bedienten sich bei ihren Rückschlüssen auf den Tonus der Gefäßwand der Druckvolumkurve nach Christen, deren Detail im Original nachgelesen werden kann (S. 68). Brünning und Stahl fanden, daß das Verhalten des Blutdruckes völlig dem entspricht, was infolge der Herabsetzung des Tonus der Gefäßwand nach Sympathektomie zu erwarten ist. Ist also der Tonus der Gefäßwand des einen Armes durch die Exstirpation des Ganglion stellatum gegenüber dem des anderen Armes herabgesetzt, so muß im allgemeinen der mit dem Riva-Rocci gemessene arterielle Seitendruck auf der operierten Seite geringer sein als auf der anderen. Dieser theoretischen Erwartung haben auch die Untersuchungsergebnisse entsprochen. Sowohl für den Minimal- als auch für den Maximaldruck war der gemessene Wert auf der operierten Seite um 20 bis 36 mm Hg geringer als auf der anderen Seite. Die kleineren Differenzen fanden sich stets bei solchen Kranken, bei denen eine ausgesprochene Ateriosklerose der peripheren Gefäße bestand.

Weiters haben Brünning und Stahl bei der Beobachtung der einzelnen Fälle die Wahrnehmung gemacht, daß die Differenz im Laufe der Zeit in der Regel abgenommen hat; verschwunden ist sie nur in 2 Fällen mit starker Arteriosklerose der peripheren Arterien. Das spricht dafür, daß sich der Tonus der Gefäßwand bis zu einem gewissen Grade wieder hergestellt hat. Wir stellen seitdem fest, daß bei allen ausgedehnteren paravertebralen Injektionen Blutdrucksenkungen leichteren Grades auftreten, die sich zurückbilden.

Eine dauernde Herabsetzung des allgemeinen Blutdruckes durch die einseitige Exstirpation des Hals- und obersten Brustteiles des Sympathicus ist in keinem Falle eingetreten; dahingehende von Brünning gehegte, wenn auch geringe Erwartungen haben sich nicht erfüllt. Das in seinem Gefäßtonus herabgesetzte Gefäßgebiet ist zu klein, um in dieser Richtung eine Wirkung auszuüben.

Die sonst bei Cervicalanästhesien beobachteten Komplikationen (siehe Gefahren der paravertebralen Injektion, S. 21) hatte ich niemals zu verzeichnen. Jedenfalls ist, wenn möglich, die paravertebrale Injektion in die Cervicalsegmente auch bei der A. p. zu vermeiden.

Aus all dem Vorgebrachten ergibt sich kurz:

1. Daß die paravertebrale Injektion in den therapeutischen Schatz gegen die A. p. miteinzubeziehen ist, da sie in allen Fällen den akuten Anfall beheben, in vielen Fällen von nachhaltiger Wirkung sein kann.

2. Da die paravertebrale Injektion in erster Linie den Sympathicus trifft, ist durch die Erfolge mit dieser nachgewiesen, daß die Schmerzleitung für die bei der A. p. erkrankten Organe hauptsächlich auf sympathischem Wege geleitet wird. Doch liegt auch eine Beeinflussung des Parasympathicus durch die paravertebrale Injektion im Bereiche der Möglichkeit.

3. Die paravertebrale Injektion kann als gefahrloser Eingriff bei der A. p. bezeichnet werden. Ihre allfällige Wirkungslosigkeit könnte vielleicht einen Eingriff am Parasympathicus (Depressor) indizieren.

4. Ein Rückfall nach temporärer Wirkung der paravertebralen Injektion macht wahrscheinlich, daß mit der Durchschneidung der entsprechenden Rami communicantes nach Gaza (s. sp.) ein nachhaltigerer Erfolg erzielt werden könnte.

5. Die Wirkungslosigkeit der paravertebralen Injektion in manchen Fällen beruht wahrscheinlich auf Wahl eines falschen Segmentes zur Injektion bzw. auf mangelhafter Technik. In letzter Zeit hat es sich bewährt, nach Möglichkeit viele Segmente zu injizieren.

6. Die nachhaltige Wirkung der paravertebralen Injektion ist durch eine weitgehende Beeinflussung im Wechselspiel des Sympathicus bzw. Parasympathicus zu erklären.

11. Weitere Versuche mit der therapeutischen paravertebralen Injektion

Im folgenden will ich kurz die Krankengeschichten einiger Fälle mitteilen, deren Schmerzzustände mit der paravertebralen Injektion zu beseitigen ich mich bemüht habe. Ich bin hiebei bei diesen Kranken, bei welchen alle schmerzstillenden Mittel bereits versucht worden waren, rein versuchsmäßig vorgegangen und habe mich auf eine spezielle Deutung des besonderen Falles nicht einlassen können.

Fall 1. Patientin W. O., 52 Jahre alt. 1918 fand sich bei einer Operation eine gummöse Hepatitis. Patientin hat nun anfallsweise Schmerzen im rechten Hypogastrium, die gegen die Schulter ausstrahlen. In letzter Zeit nehmen die Beschwerden wesentlich zu und sind durch Medikamente nicht beeinflußbar. Die innere Abteilung des Sophienspitales (Prof. Jagić) nimmt an, daß es sich um eine Ostitis luetica im Bereiche des 3. Lumbalis handelt. Paravertebrale Injektion in D 9 und D 10 läßt die Schmerzhaftigkeit sofort verschwinden. Auch noch nach 2 Monaten fühlt sich die Patientin bedeutend gebessert.

Fall 2. Karl A., 57 Jahre alt. Seit 16 Jahren arthritische Veränderungen an Fingern und Ellbogen. Seit März 1924 heftige bohrende und brennende Schmerzen, die von der rechten Schulter ausgehen und sich auch über den rechten Arm ausbreiten. Nikotinabusus mäßig. Potus 0. Es findet sich Druckempfindlichkeit des Plexus brachialis und eine besonders schmerzhafte Stelle neben dem 4. B. W. Atrophie des rechten Ober- und Unterarmes. Wassermann in Blut und Liquor 0. Alle bisherigen therapeutischen Maßnahmen ohne Erfolg. (Antineuralgica, Bäder, Proteinkörper.) Paravertebrale Injektion in D 1 rechts. Während der Injektion spürt der Patient den Schmerz, den er sonst spontan empfindet, wesentlich verstärkt. Am nächsten Tag wesentliche Besserung, die durch Tage anhält und der Patient kann endlich wieder einmal schlafen. Durch 10 Tage schmerzfrei. Dann Wiederholung der paravertebralen Injektion wegen neuerlicher Schmerzen. Dann eine abermalige Besserung für 3 Wochen. Nachuntersuchung ist ausständig.

Fall 3. Destruktiver Prozeß des 4. und 5. Lendenwirbels mit starken Gürtelschmerzen (Prim. Latzel). Paravertebrale Injektion in L 4 und 5. Die Schmerzen weichen augenblicklich. Erfolg hält aber nur 4 Tage an.

Fall 4. Marie R. (Abteilung Pal). Karies des 3. Lendenwirbels. Auf paravertebrale Injektion für einige Tage schmerzfrei.

Fall 5. Unbestimmte, heftige Schmerzen im Abdomen, die seit Wochen bestehen und bei denen sich alle schmerzlindernden Mittel als insuffizient erweisen. Wahrscheinlich handelt es sich um ein Pankreas Ca. Paravertebrale Injektion in D 8 bis L 1. Für 3 Wochen schmerzfrei, dann neuerliche Beschwerden.

Fall 6. Bronchus Ca. (Klinik Wenckebach). Paravertebrale Injektion von D 3 bis D 6 ohne Erfolg, die Schmerzen halten an.

Fall 7. Ein Patient, der seinerzeit eine Lues mitgemacht hatte, der aber derzeit ganz frei von spezifischen Erscheinungen irgendwelcher Art ist, leidet an heftigen, besonders beim Sitzen auftretenden Schmerzen, die von der Wirbelsäule ausgehen, und gürtelförmig nach vorne ziehen. Alle bisherigen Beeinflussungsversuche, die in allen Ländern Europas versucht wurden, ohne Erfolg.

(Prim. Spitzmüller) Paravertebrale Injektion in D 6 und D 7 bilateral ohne jeden Erfolg. Mehr Segmente konnten nicht injiziert werden, da der sehr kräftige Patient scheinbar das Novokain nicht vertrug und kollabierte.

Hier sei bemerkt, daß nach der jüngsten Arbeit Laewens ein Cardiospasmus auf paravertebrale Injektion in D 5 und D 6 für Stunden beseitigt werden konnte.

Diese Krankengeschichten sind aus einer größeren Reihe ebenfalls unbestimmter Krankheitsfälle herausgegriffen, um zu zeigen, daß man in manchen Fällen mit der paravertebralen Injektion auch noch dort etwas erreichen kann, wo alle anderen Mittel zu keinem Resultat geführt haben. Manchmal ist natürlich auch hier die paravertebrale Injektion vergeblich.

Wenn diese Fälle auch zum Teil mißglückte Versuche darstellen, in dem Bestreben, Kranken, die von furchtbaren Schmerzen gequält werden, eine Linderung zu verschaffen, die länger anhält und auch unschädlicher ist als das Morphin, so habe ich doch das Gefühl, daß man bei größerer Erfahrung für jeden Schmerz das betreffende Segment finden kann, dessen Ausschaltung für kürzere oder längere Zeit den Schmerz beseitigt.

Dies gilt besonders für Karzinomkranke. In erfreulicher Weise habe ich mich besonders bei Krebskranken überzeugen können, wie günstig die Psyche derselben beeinflußt wird, wenn durch eine einmalige Injektion Schmerzen auf Tage und Wochen zum Verschwinden gebracht werden können. Auch diesbezüglich kann die Wirkung der paravertebralen Injektion mit der Einverleibung eines Alkaloids nicht im Entferntesten verglichen werden.

Auch Peritonitiskranke könnten von ihren quälenden Schmerzen befreit werden. Schon Kocher hat ja gefunden, daß eine Peritonitis ohne Schmerzen verläuft, wenn die Leitungsbahnen des Rückenmarks durch eine Querschnittläsion oberhalb des 6 D N (oberhalb des Splanchnicus) durchtrennt wurden. Die Splanchnicusanästhesie dürfte aber in diesen Fällen wegen der akuten Blutdrucksenkung gefährlicher sein, als die paravertebrale Injektion in bestimmte Segmente. Sie käme insbesondere bei postoperativen lokalisierten Peritonitiden in Betracht. Die auch hier eintretende geringere Blutdrucksenkung könnte vielleicht durch Adrenalin etc paralysiert werden

12. Die Bedeutung der paravertebralen Injektion für die Operation nach Gaza

1924 hat Gaza, aufbauend auf den Untersuchungen von Laewen und Kappis, welche die segmentale Innervation der Baucheingeweide sicherstellen, eine Operation angegeben, die eigentlich eine weitere Konsequenz der paravertebralen Injektion genannt werden kann. Die paravertebrale Injektion blockiert mit einem Betäubungsmittel wahrscheinlich die Rami communicantes, indem das Anästhetikum diese Gebilde entweder direkt trifft oder durch den Druck anläßlich der Injektion als auch spontan zu ihnen diffundiert. Aus bisher nicht sicher bekannten Gründen ist die Wirkung der Injektion oft eine nachhaltige. Gaza aber will die Schmerzleitung dauernd aufheben, indem er bei gewissen Zuständen die Rami communicantes aufsucht und durchschneidet.

Bei Kranken mit allgemeiner psychischer und vasomotorischer Übererregbarkeit finden sich nicht selten hyperreflektorische Zustände bauchinnerer Organe, die sich in hartnäckigen, unbestimmten, im Bauche empfundenen Schmerzen und sekretorischen und motorischen Störungen der Bauchorgane äußern. Auch vasomotorische Störungen sind dabei vorhanden, die sich bis zur Hämorrhagien steigern können. Nach Gaza handelt es sich hiebei um intraabdominale, vasomotorische und enteromotorische Neurosen, bei denen sich Segmente des vegetativen N.-Systems in einem Zustande neurotischer Dysfunktion befinden. Geht man von der Anschauung aus, daß es sich um eine Hyperreflexie handelt, so ergibt sich als Ziel der Behandlung die Unterbrechung des Reflexbogens oder eine Änderung an seiner Erregbarkeit. Die Stelle, an der der Reflexbogen unterbrochen werden kann, ist der Ramus communicans des betreffenden Segmentes. (Brünning und Stahl.)

Ein Teil dieser Kranken kann ja durch sachgemäße allgemeine Behandlung in ihren Beschwerden wesentlich gebessert werden, doch ist häufig die hiefür unbedingt notwendige physische und psychische Ruhe für den Kranken infolge der äußeren Umstände nicht möglich. „So ist letzten Endes die Indikation zu dem vorgeschlagenen Eingriffen eine soziale.“ (Gaza.)

Als Behandlungsmethode schlägt Gaza in erster Linie die juxtavertebrale Injektion (paravertebrale Injektion) einer $^1/_2$ bis $2^0/_0$ Novokainlösung (10 cm³) an das betroffene Segment vor. In weitaus der Mehrzahl der Fälle hatte Gaza dabei einen guten Erfolg; fast immer gelang es ihm, mit dieser Methode die Headschen Zonen zu beseitigen und die manifesten Beschwerden des Kranken aufzuheben. In einigen Fällen ist ihm das jedoch nicht gelungen, und diese wurden paravertebral operativ angegangen. Bei den Mißerfolgen der Injektionstherapie handelt es sich stets um solche Fälle, bei denen die Allgemeinerscheinungen der vegetativen Dysfunktion im Vordergrund standen. Gaza hat die Operation bisher 3mal ausgeführt. Einmal hat er den paravertebralen Nerven des 10. Segmentes rechts reseziert einschließlich des Ganglion spinale. In den beiden anderen Fällen sind lediglich die betreffenden Rami communicantes durchtrennt worden. In allen drei Fällen war der Erfolg nach der Operation ein vollkommener.

Gaza hat also die paravertebrale Injektion nach den vorliegenden Berichten größtenteils dann vorgenommen, wenn die paravertebrale Injektion zu keinem Erfolg geführt hat. Wir möchten allerdings, ohne vorläufig eine größere Erfahrung mit der Gazaschen Operation zu haben, meinen, daß die Operation nach Gaza dann vorgenommen werden sollte, wenn die paravertebrale Injektion die Schmerzzustände des besonderen Falles zwar beheben konnte, der Erfolg der paravertebralen Injektion aber nur kurze Zeit anhielt. In solchen Fällen wären statt wiederholter paravertebraler Injektion die Durchschneidungen der Rami communicantes der betreffenden Segmente durchzuführen. Die Wirkung der paravertebralen Injektion wäre ja in diesen Fällen der beste Beweis dafür gewesen, daß die Unterbrechung des ganz bestimmten Segmentes den Schmerzzustand behebt. Die mit Erfolg injizierten Segmente wären dann auch der Durchschneidung zu unterziehen und so würde die paravertebrale Injektion als Indikator der bei der Operation zu durchschneidenden Segmente wirken. In drei Fällen von gastrischen Krisen bin ich so vorgegangen. Die Operation brachte auch momentan den gewünschten Erfolg.

Erwin F., (s. o.) 34 Jahre alt. 1913 Ulcus durum, 6 Hg.-Injektionen.

1915 Papulae ad anum — 8 Hg., 6 Salvarsaninjektionen.

Seit Februar 1925 Schmerzen in der Magengegend und Erbrechen. Im März 1925 wird auf der Klinik Finger eine Malariakur versucht, jedoch nach 3 Fieberanfällen unterbrochen, das ich die Magenerscheinungen sehr verschlechterten. Im März 1925 auf einer Nervenabteilung Phlogetaninjektionen und Salvarsankur. Im Mai 1925 wurde auf der 1. chirurgischen Klinik von einem Eingriff bei dem Patienten abgesehen, da die gastrischen Krisen spontan verschwanden.

Im August 1925 mußte aber der Patient die Abteilung Pal aufsuchen, da die gastrischen Krisen (unerträgliche Schmerzen und unstillbares Erbrechen) in einem bisher nicht erlebten Maße auftraten. Hier wurden nun von mir paravertebrale Injektionen vorgenommen. D 6 bis D 8 beiderseits hatte keinen Erfolg. Hingegen trat nach paravertebralen Injektionen von D 5 bis D 9 ein mehrere Stunden anhaltender Erfolg insoferne ein, als der Patient schmerzfrei wurde und auch weniger erbrach. Es war also klar, daß bei dem beabsichtigten Eingriff auch D 5 bis D 9 operativ angegangen werden mußten.

Am 14. September 1925 wurde nun die Gazasche Operation ausgeführt. Lokalanästhesie und typische Operation nach Gaza (Mandl). Exstirpation der Rami communicantes von D 5 bis D 9 beiderseits.

Seit der Operation sind die Schmerzen vollkommen verschwunden und das Erbrechen hat sich bis Ende November auch nicht mehr eingestellt.

Ich würde daher vorschlagen, auch bei anderen Erkrankungen die Gazasche Operation dann zu versuchen, wenn die paravertebrale Injektion von deutlichem, aber nicht lange anhaltendem Erfolg gewesen ist.

13. Indikation und Kontraindikation der therapeutischen paravertebralen Injektion (siehe S. 65)

Es gibt gegen die therapeutische paravertebrale Injektion nur eine Kontraindikation: d. i. Perforationsgefahr eines intraabdominellen Hohlorganes. (Siehe Kontraindikation der diagnostischen paravertebralen Injektion S. 57.)

Die diesbezüglichen Gründe wurden bereits auseinandergesetzt. Sonstige Kontraindikationen sind eigentlich nicht gegeben, wenn man, was die Zahl der Einstichpunkte anbelangt und auch was die Menge des zu injizierenden Betäubungsmittels anbelangt, auf den Kräftezustand des Patienten achtet. Bei kachektischen Patienten wähle man möglichst wenige Einstichpunkte und verwende verdünnte Lösungen.

Auch bei schweren Herzkrankheiten sind ernstere Störungen unter diesen Vorsichtsmaßregeln nicht zu befürchten.

Was die Indikation zur therapeutischen paravertebralen Injektion anbelangt, muß vor allem bemerkt werden, daß die Indikation zur Operation bei diversen bauchinneren Erkrankungen ja überhaupt noch nicht feststeht. (Ulcus ventriculi, Gallensteine). Sicher ist, daß die absoluten Operationsindikationen auch durch die paravertebrale Injektion nicht berührt werden (siehe S. 65). Die Injektion ist nicht als ein Operationsersatz aufzufassen, sondern nur als ein Adjuvans der inneren Behandlungsmethoden. Dies gilt insbesondere für die intraabdominellen Leiden. Bei den anderen Erkrankungen habe ich mich über die Vorteile der Injektion gegenüber den operativen Verfahren eindeutig geäußert (Angina pectoris).

Schluß

Aus all dem Vorgebrachten ist die große Anwendungsbreite der paravertebralen Injektion zu ersehen. Dieselbe erklärt sich aus der erhöhten Bedeutung, die in letzter Zeit dem sympathischen Nervensystem, das in erster Linie durch das Verfahren betroffen wird, eingeräumt wird. Mit der vorliegenden Monographie soll nicht nur ein Bericht über eine größere Erfahrung auf diesem Gebiete gegeben werden, sondern sie bezweckt vor allem, zu weiteren Versuchen auf dem eingeschlagenen, für viele Krankheiten und insbesondere für die Bekämpfung des Schmerzes so aussichtsreichen Weg anzuregen.

Literaturverzeichnis

Adam: Dtsch. Zeitschr. f. Chir., Bd. 133.
Aronowitsch: Klin. Wochenschr., Nr. 3, 1925.
Asher: Dtsch. med. Wochenschr., 1915.
Bergmann: Arch. f. klin. Chir., Bd. 121.
Borchardt: Arch. f. klin. Chir., Bd. 127.
Böttner: Med. Klinik, Nr. 6, 1925.
Braun: Wien. med. Wochenschr., Nr. 48, 1924.
— Zentralbl. f. Chir., Nr. 10, 1923.
— Klin. Wochenschr., Nr. 17, 1925.
Braus: Anatomie, 1. Bd., Berlin: Julius Springer.
Brunn, F.: Ges. f. inn. Med. 1924, Wien. klin. Wochenschr., 1924.
Brunn und Mandl: Wien. klin. Wochenschr., Nr. 21, 1924.
Brünning: Klin. Wochenschr., Nr. 50, 1923; — Med. Klinik, Nr. 20, 1923. — Arch. f. klin. Chir., Bd. 126. — Wien. med. Wochenschr., Nr. 24, 1924.
— und Stahl: Chirurgie des vegetativen Nervensystems. Berlin: Julius Springer, 1925.
Buhre: Bruns Beitr. z. klin. Chir., Bd. 118.
Clairmont: Zentralbl. f. Chir., Nr. 42, 1923.
Danielopolu: Wien. Ges. f. inn. Med., 1924. — Wien. med. Wochenschr. 1924.
Denk: Chir. Kongreß, 1920.
Edens: In L. R. Müller „Die Lebensnerven“. Berlin: Julius Springer, 1922.
Eiger: Zeitschr. f. Biol., Bd. 66, 1915. — Zentralbl. f. Phys., Bd. 30.
Eiselsberg: Chir. Kongreß, 1920.
Eppinger: Wien. med. Wochenschr., Nr. 46, 1924. — Therapie d. Gegenw., 1923. — Ges. d. Ärzte, Wien, März 1923.
Fick: Wien. klin. Wochenschr., Nr. 30, 1924.
Finkelstein: Dtsch. med. Wochenschr., Nr. 32, 1919.
Finsterer: Die Methoden der Lokalanästhesie bei Bauchoperation, Wien: Urban und Schwarzenberg, 1923. — Zentralbl. f. Chir., Nr. 42, 1922. — Wien. med. Wochenschr., Nr. 18, 1924.
Flörken: Zentralbl. f. Chir., Nr. 7, 1924. — Arch. f. klin. Chir., Bd. 130.
Förster und Küttner: Bruns Beitr. z. klin. Chir., Bd. 63.
Fröhlich und Meyer: Klin. Wochenschr., Nr. 27, 1922.
Gaza: Arch. f. klin. Chir., Bd. 133. — Klin. Wochenschr., Nr. 13, 1924.
Geiger: Münch. med. Wochenschr., Nr. 44, 1918.
Glaser: Med. Klinik, Nr. 15, 1924.
Graf: Dtsch. Zeitschr. f. Chir., Bd. 189.
Gubergritz und Istschenko: Klin. Wochenschr., Nr. 51, 1924.
Haberer: Chir. Kongreß, 1920.
Haertel: Lokalanästhesie. Stuttgart: Enke, 1916.
Harke: Zentralbl. f. Chir., Nr. 11, 1925.
Haslinger: Wien. klin. Wochenschr., Nr. 24, 1925.
Heller: Chir. Kongreß, 1920.
Hering: Zentralbl. f. Chir., Nr. 27, 1920.
Hess und Faltitschek: Wien. klin. Wochenschr., Nr. 44, 1924.
Heuss: Med. Klinik, Nr. 23, 1924.

Higier: Ergebn. d. Neurol. u. Psych., 1917.
Hofer: Wien. med. Wochenschr., Nr. 28, 1924. — Wien. klin. Wochenschr., Nr. 28, 1924.
Hütten, v. d.: Bruns Beitr. z. klin. Chir., Bd. 128.
Illyes: Dtsch. Ges. f. Urol., 1924.
Jagić: Wien. med. Wochenschr., Nr. 46, 1924.
Jurasz: Zentralbl. f. Chir., 1914.
Kappis: Med. Klinik, Nr. 51, 52, 1923. — Chir. Kongreß, 1920.
— und Gerlach: Med. Klinik, Nr. 35, 1923.
Kaufmann: Wien. klin. Wochenschr., Nr. 14, 1924.
Klee: Pflügers Arch. f. d. ges. Physiol., 1913.
Köhler und v. d. Weth: Zeitschr. f. klin. Med., Bd. 99.
König: Arch. f. klin. Chir., Bd. 133.
Kovac: Wien. med. Wochenschr., Nr. 48, 1924.
Krehl: Pathologische Physiologie.
Kümmel jun.: Bruns Beitr. z. klin. Chir., Bd. 132.
Kümmel sen.: Klin. Wochenschr., Nr. 40, 1923.
Kulenkampf: Zentralbl. f. Chir., Nr. 6, 1923. — Dtsch. med. Wochenschr., Nr. 24, 1921.
Laewen: Zentralbl. f. Chir., Nr. 41, 1922; Nr. 12, 1923; Nr. 19, 1924. — Münch. med. Wochenschr., Nr. 26, 1911; Nr. 40, 1922; Nr. 35, 1925.
Lotheissen: Wien. med. Wochenschr., Nr. 18, 1924.
Luger: Wien. med. Wochenschr., Nr. 48, 1924.
Mandl: Arch. f. klin. Chir., Bd. 115, 136. — Wien. klin. Wochenschr., Nr. 17, 1924; Nr. 27, 1925. — Med. Klinik, Nr. 25, 1925. — Zentralbl. f. Chir., Nr. 8, 1925.
Markuse: Dtsch. med. Wochenschr., Nr. 17, 1924.
Mass: Pflügers Arch. f. d. ges. Physiol., Bd. 74.
Meyer-Gottlieb: Experimentelle Pharmakologie.
Morian: Zentralbl. f. Chir., Nr. 31, 1925.
Müller, L. R.: Die Lebensnerven. Berlin: Julius Springer, 1922.
Muroya: Dtsch. Zeitschr. f. Chir., Bd. 122.
Naegeli: Dtsch. Zeitschr. f. Chir., Bd. 153.
Neudörfer: Arch. f. klin. Chir., Bd. 133.
Neuwirth: Zeitschr. f. urol. Chir., Nr. 11, 1923.
Odermatt: Dtsch. Zeitschr. f. Chir., Bd. 182. — Schweiz. med. Wochenschr., Nr. 2, 1924.
Ormos: Dtsch. med. Wochenschr., Nr. 48, 1924.
Ortner: Wien. med. Wochenschr., Nr. 46, 1924.
Pal: Gefäßkrisen. Leipzig: Hirzel, 1905. — Wien. klin. Wochenschr., Nr. 52, 1924. — Wien. Arch. f. inn. Med., Bd. 6. — Wien. klin. Wochenschr., Nr. 14, 1924. — Münch. med. Wochenschr., Nr. 49, 1903.
Rost: Mitt. a. d. Grenzgeb. d. Med. u. Chir., 1913.
Rubritius: Wien. klin. Wochenschr., Nr. 27, 1925.
Sauerbruch: Zentralbl. f. Chir., Nr. 24, 1924.
Schiff: Arch. f. phys. Heilkunde, Bd. 9.
Schittenhelm und Kappis: Münch. med. Wochenschr., Nr. 19, 1925.
Schmidt: Med. Klinik, Nr. 1 und 2, 1922.
Schnitzler: Wien. klin. Wochenschr., Nr. 124. Beilage Fortbildungskurs.
Siegel: Med. Klinik, Nr. 2, 1916.
Staehelin und Hotz: Klin. Wochenschr., Nr. 33, 1923.
Staemmler: Dtsch. med. Wochenschr., Nr. 15, 1924.

Staffel: Zentralbl. f. Chir., S. 729, 1921.
Sternberg C.: Wien. klin. Wochenschr., Nr. 14, 1924.
Sternberg M.: Wien. med. Wochenschr., Nr. 48, 1924.
Tetzner: Wien. klin. Wochenschr., 1924. (Ges. d. Ärzte.)
Tschermak: Wien. med. Wochenschr., Nr. 17 bis 19, 1924.
Wenckebach: Wien. med. Wochenschr., Nr. 13 bis 18, 1924.
Wiedhopf: Münch. med. Wochenschr., Nr. 44, 1924. — Bruns Beitr. z. klin. Chir., Bd. 132.
Wiemann: Arch. f. klin. Chir., Bd. 113. — Dtsch. Zeitschr. f. Chir., Bd. 179.
Winterstein: Münch. med. Wochenschr., Nr. 25, 1922.

Während der Drucklegung sind folgende Arbeiten erschienen, die auf die paravertebrale Injektion Bezug nehmen:

Brünning: Klin. Wochenschr. Nr. 48, 1925.
Havlicek: Zentralbl. f. innere Med. Nr. 20, 1925.
— Zentralbl. f. Chir. Nr. 35, 1925.
Hess und Faltitschek: Wien. klin. Wochenschr. Nr. 46, 1925.

Verlag von Julius Springer in Wien

Die Bluttransfusion

Von

Privatdozent Dr. B. **Breitner**

I. Assistent der I. chirurgischen Universitätsklinik in Wien

Mit 24 Abbildungen im Text. 118 Seiten

Abhandlungen aus dem Gesamtgebiet der Medizin

Preis: 11.70 Schilling, 6.90 Reichsmark

Die Abonnenten der „Wiener klinischen Wochenschrift" sind berechtigt, die „Abhandlungen aus dem Gesamtgebiet der Medizin" mit einem Nachlaß von 10% zu beziehen.

Inhaltsverzeichnis:

Praktische Fragen der Bluttransfusion: Wert der Bluttransfusion gegenüber anderen Blutersatzmethoden. Die Blutgruppenbestimmung. Die Gefahren der Bluttransfusion. Die Wirkung der Bluttransfusion. Die Methoden der Bluttransfusion. Die Besonderheiten der Methoden von Oehlecker und Percy. Andere Methoden der Bluttransfusion. Die Spenderfrage. Das Anwendungsgebiet der Bluttransfusion. Theoretische Probleme der Bluttransfusion: Die Zahl der Blutgruppen. Agglutinationstiter. Spender- und Empfängerblut. Die anthropologische Bedeutung der Blutgruppen. Blutgruppe und Vererbung. Unveränderlichkeit der Gruppenzugehörigkeit. Lebensdauer der transfundierten Erythrocyten. Praktische Verwertung der Blutgruppen. Gefahren der Bluttransfusion. Todesfälle. — Zusammenfassung. — Geschichtlicher Überblick über die Bluttransfusion. — Allgemeine Literatur. — Sachverzeichnis.

Operative Frakturenbehandlung

Technik-Indikationsstellung-Erfolge

Von

Dr. **Rudolf Demel**

Assistent der I. chirurgischen Universitätsklinik in Wien

Mit etwa 230 Abbildungen im Text. Etwa 12 Bogen

Erscheint Mai 1926

Inhaltsverzeichnis:

Einleitung. — I. Geschichte der operativen Frakturenbehandlung. — II. Methoden der operativen Frakturenbehandlung. — III. Operationserfolge. — IV. Die eigentliche Knochennaht. — V. Standpunkt der Klinik hinsichtlich der Indikation zur blutigen Behandlung der Knochenbrüche. — VI. Zusammenfassung des Schrifttums über die Operationsmethoden und über die Indikation der operativen Frakturenbehandlung. — Literaturverzeichnis.